光栅位移
检测及其应用

李孟委　张　瑞　著

黑龙江科学技术出版社

图书在版编目（CIP）数据

光栅位移检测及其应用 / 李孟委 , 张瑞著 . -- 哈尔滨 : 黑龙江科学技术出版社 , 2020.7（2022.3重印）

ISBN 978-7-5719-0617-7

Ⅰ . ①光… Ⅱ . ①李… ②张… Ⅲ . ①光栅—位移测量 Ⅳ . ① TH741.6

中国版本图书馆 CIP 数据核字 (2020) 第 124736 号

光栅位移检测及其应用

作　　者	李孟委　张　瑞	
责任编辑	赵春雁	
封面设计	王　洁	
出　　版	黑龙江科学技术出版社	
地　　址	哈尔滨市南岗区公安街 70-2 号　邮编：150001	
电　　话	（0451）53642106 传真：（0451）53642143	
网　　址	www.lkcbs.cn www.lkpub.cn	
发　　行	全国新华书店	
印　　刷	济南新广达图文快印有限公司	
开　　本	710mm×1000mm　1/16	
印　　张	12.5	
字　　数	214 千字	
版　　次	2021 年 1 月第 1 版	
印　　次	2022 年 3 月第 2 次印刷	
书　　号	ISBN 978-7-5719-0617-7	
定　　价	48.00 元	

前　言

随着现代科学技术的不断进步，微电子制造业、纳米技术等也得以蓬勃发展，而这些技术的实现必须以精密的测量技术作为基础。在众多的测量方法中，光学测量方法以其高精度、非接触、宽动态范围和易于数字化的特点而显示出特有的优势。其中，基于光栅的位移测量系统以光栅栅距作为测量基准，具有对光源稳频要求较低、光路结构简单、体积小等优势，能在超精密加工中胜任高分辨率、高速度、大量程的位移测量任务。在此技术上国外已经具备批量化生产的能力，而我国与之相比还存在一定的差距。随着对光栅衍射现象应用方向的不断扩展，在利用光栅衍射进行位移测量的研究也不断进行。

本书共分为五章。第一章主要介绍传感器的基本概念以及分类，并且分别介绍了不同类别的传感器的相关内容，包括力学传感器、光电传感器、机械位移类传感器、接近式传感器以及其他类别的传感器。第二章主要介绍光栅的基本概念，包括其制造及组件等内容。第三章主要介绍基于莫尔条纹的双层光栅位移检测及其应用。第四章主要阐述了泰伯（talbot）效应以及泰伯（talbot）效应在光栅衍射位移检测中的应用。第五章主要介绍光栅检测理论的应用，包括光栅检测理论下微陀螺的设计与应用、纳米精度计量光栅的理论研究以及衍射光栅在光谱学和其他领域中的应用、精密导航技术等。

本书主要由李孟委、张瑞编写，在编写过程中，参考了大量的文献和资料，在此对相关文献资料的作者表示由衷的感谢。此外，由于时间和精力有限，书中难免会存在不妥之处，敬请广大读者和各位同行予以批评雅正。

作者简介

　　李孟委，男，1975 年 3 月 2 日生，汉族，毕业于中北大学精密仪器及机械专业，教授。2000 年进入中北大学从事教育教学和科研工作至今，主要研究方向为微纳器件及系统。主讲过 MEMS CAD，ANSYS，MEMS 设计，智能传感器原理及应用等多门课程，在省级以上正式刊物发表论文 42 篇。

　　张　瑞，男，1987 年 4 月 16 日生，汉族，毕业于中北大学信息与通信工程专业，副教授。2018 年进入中北大学从事教育教学和科研工作至今，主要研究方向为光电检测、位移检测、MEMS 陀螺。主讲过光电子技术基础，光谱技术及应用等课程，在省级以上正式刊物发表论文 32 篇。

目 录

第一章 绪论

第一节 检测技术与传感器

一、检测技术

（一）测量与测量方法

1. 测量

测量是以确定量值为目的的一系列操作；测量的实质是将被测量与同种性质的标准值进行比较，确定被测量对标准量的倍数。

测量结果是指由测量所获得的被测量的量值，测量结果应包含测量单位、比值和测量误差；测量过程是运用传感器从被测对象获取被测量的信息，将建立起的测量信号经过变换、传输、处理，最终获得被测量的量值。

2. 测量方法

测量方法是实现测量过程所采用的具体方法。根据不同测量对象和测量任务进行具体分析，选择合适的传感器和切实可行的测量方法，对测量工作是至关重要的。按照获得测量值的方法可分为直接测量和间接测量；按照测量的精度因素可分为等精度测量和不等精度测量；按照被测状态分类，可分为静态测量和动态测量；按照传感器是否与被测量对象接触，可分为接触测量和非接触测量；按照测量系统是否向被测量对象施加能量，可分为主动式测量与被动式测量；按照测量方式分类，可分为偏差式测量、零位测量和微差法测量。

（1）有按测量、间接测量与组合测量

使用仪表和传感器对测量对象测量时，对仪表读数不需要任何运算而直接表示测量结果的测量方法称为直接测量。例如，用钳形表测量某一相交流电流；用弹簧秤测量重量；用弹簧压力表测量压力等，部属于直接测量。直接测量具有测量过程简单、快捷等优点，其缺点是测量精度低。

使用仪表和传感器对被测量对象进行测量时，对与测量结果有确定函数关系的若干量进行测量，将测得值代入函数关系式，经过运算得到所需结果，这种测量方法称为间接测量。间接测量过程烦琐，花费时间、精力较多，一般用于直接测量不能完成或者缺乏直接测量手段的场合。

（2）等精度测量与不等精度测量

使用相同的仪表和测量方法对同一被测量进行多次重复测量，称为等精度测量；使用不同精度的仪表或不同的测量方法，或在环境条件相差很时对同一被测量进行多次重复测量，称为不等精度测量。

（3）偏差式测量、零位测量与微差法测量

用仪表指针位移（即偏差）确定被测量的量值的测量方法称为偏差式测量。采用偏差式测量方法时，必须预先用标准仪表或器具对所用仪表刻度进行标定。偏差式测量是根据仪表指针在刻度线上指示的值，决定被测量的数值。这种测量虽然简单、快捷、直观，但测量精度不高。

用指零仪表的零位指示检测测量系统的平衡状态，当测量系统平衡时，用已知的标准量决定被测量的量值，这种测量方法称为零位测量。具体地讲，采用这种测量方法时，是将已知标准量直接与被测量相比较，连续调节已知标准量，当指零仪表指零时，被测量与已知标准量相等。例如，天平称重、电位差计测量电位都是采用这种测量方法。采用零位测量方法可以获得较高的测量精度，但测量过程比较复杂、费时，不适用于测量迅速变化的信号。应用这种方法测量时，必须预先进行指针零位校准。

微差法测量方法是将被测量与已知的标准量相比较，取得差值后，再用偏差法测得该差值。显然，微差法测量是综合了偏差式测量与零位测量的优点而提出的一种测量方法。采用这种方法测量时，不需要调整已知的标准量，而只需测量两者的差值即可。设 N 为已知的标准量，X 为被测量，Δ 为二者之差，则被测量 $X = N + \Delta$。由于 N 是标准量，其误差很小，且 $\Delta < N$，因此，可选用高灵敏度的偏差式仪表测量 Δ，即使测量 Δ 的精度较低，但由于 $\Delta < X$，所以得到的测量精度仍很高。

微差法测量具有响应快、测量精度高的优点特别适用于在线控制参数的测量。

（二）测量误差

测量的目的是通过测量获取被测量的真实值。各种因素，例如传感器本身性能差、外界干扰等因素的影响都会造成被测参数的测量值与真实值不一致。测量值与真实值两者之间不一致的程度用测量误差表示。测量误差实际上是测量值与真实值之间的差值，它反映了测量质量的好坏。

不同场合对测量误差的要求是不一样的。例如在量值传递、产品质量检验等场合应保证测量结果有足够的准确度，这时测量的可靠性至关重要；当测量值用作控制信号时，则应保证测量的稳定性和可靠性。显然测量结果的准确程度应与测量的目的与要求相联系、相适应，不顾场合、不惜成本、片面追求高准确度的做法是不可取的。

1．测量误差的表示方法

测量误差的表示方法多种多样，下面介绍几种基本的测量误差表示方法。

（1）绝对误差

绝对误差可定义为：

$$\Delta = X - L \qquad\qquad （式1-1）$$

式中：Δ——绝对误差。

X——测量值。

L——真实值。

对测量值进行修正时要用到绝对误差。修正值实际上是绝对误差符号相反、大小相等的值。实际值等于测量值加上修正值。

采用绝对误差表示测量误差，有时并不能准确地反映测量质量的好坏。例如测量温度时，仅讲测量的绝对误差是不行的，因为绝对误差并没有反映出是在多大范围内产生的误差。例如，绝对误差 $\Delta = 1$，这个误差对拉制单晶硅（1420℃）测量来讲是一个好的测量结果，但对人体体温测量来讲，这个测量误差是不允许的。

（2）相对误差

相对误差可定义为：

$$\delta = \Delta / L \times 100\% \qquad\qquad （式1-2）$$

式中 δ——相对误差，相对误差通常用百分数给出。

Δ——绝对误差。

L——真实值。

在实际测量中被测量的真实值 L 无法知道时，则用测量值 X 代替真实值 L 实行误差计算，得出的相对误差定义为标称相对误差，即：

$$\delta = \Delta / L \times 100\% \qquad\qquad （式1-3）$$

（3）引用误差

引用误差是相对满量程的一种误差表示方法，用仪表测量时常采用这种误差表示方法。引用误差也用百分数表示，即：

$$r = \Delta / （测量范围上限-测量范围下限）\qquad （式1-4）$$

式中：r—— 引用误差。

Δ——绝对误差。

仪表精度等级是根据引用误差来确定的，例如，某一个仪表的精度等级为0.1级，表示该仪表的引用误差的最大值不超过 ±0.1%，同样，1.0级仪表的引用误差的最大值不超过 ±1%。使用传感器和仪表进行测量时，还常用到基本误差和附加误差两个概念。

（4）基本误差

基本误差是指仪表在规定的标准使用条件下所具有的误差。仪表的基本误差是在电源电压（220±5）V、电网频率（50±2）Hz、环境温度（20±5）℃、环境湿度（65%±5%）的条件下标定的。如果仪表在这个规定条件下工作，那么仪表所具有的误差就是基本误差。测量仪表的精度等级就是由基本误差决定的。

（5）附加误差

附加误差就是指当仪表的工作条件偏离规定工作条件时出现的误差。工作条件的温度、频率、电源电压波动引起的误差分别称为温度附加误差、频率附加误差、电源电压波动附加误差等。

2．误差的性质

为了便于测量数据处理根据测量数据中误差所呈现的规律将误差分为3种，即系统误差、随机误差和粗大误差。

（1）系统误差

当对同一被测对象进行多次重复测量时，如果误差按照一定规律出现，则把这种误差称为系统误差。例如标准量值的不准确、仪表刻度的不准确而引起的误差都属于系统误差。

（2）随机误差

当对同一被测对象进行多次重复测量时，如果误差的绝对值和符号不可预知地随机变化，但就误差的总体而言，具有一定的统计规律性则把这种误差称为随机误差。

随机误差是众多难以掌握或暂时未能掌握的微小因素引起的误差。随机误差一般难以控制，也不能用简单的修正值来修正，只能用概率统计和数理统计的方法去计算它出的可能性的大小。

（3）粗大误差

明显偏离测量结果的误差称为粗大误差。这类误差是由于测量者疏忽大意或者环境条件的突然变化而引起的，因此又称为疏忽误差。对于粗大误差，应首先设法判断其是否存在，若存在则将其剔除。

二、传感器

（一）传感器的定义和作用

1. 传感器的定义

根据我国的国家标准（GB7665-87），传感器的定义是：能感受规定的被测量并按照定规律转换成可用输出信号的器件或装置。定义中的被测量就是各类非电量，包括物理量、化学量、生物量等；可用输出信号就是便于处理和传输的电量，即电压量和电流量。

2. 传感器的作用

为了生存和生活，人类必须借助于耳、目、口、鼻和身等感觉器官从自然界获取信息。随着人类社会的进步和科技的发展，人类要进一步认识自然和改造自然，仅凭自己的感觉器官是不够的。于是，一系列代替、补充、延伸人类感觉器官功能的各种用途的传感器应运而生。在工业生产自动化、能源、交通、环境保护、遥感遥测等领域所使用的各种传感器，不仅能代替人类的五官功能，而且在检测人类的五官功能不能感受的参数方面发挥了关键作用。在人类进入信息化时代的今天，人类的一切活动将主要依靠对信息资源的开发和利用，而传感器正是处于自动检测控制系统之首，是感知、获取和检测信息的窗口；传感器处于研究对象和测控系统的接口位置，人们要获取的一切信息，都是通过它转换成易于传输和处理的电信号的。在计算机广为普及的今天，如果没有传感器提供可靠、准确的信息，计算机就难以发挥作用。因此，习惯上把计算机比喻为人的大脑，把传感器比喻为人的感觉器官。正因为传感器的作用和地位如此重要，所以各国都将传感器技术列为重点发展的高新技术。当前，传感器技术已成为各国相互竞争的核心技术之一。

（二）传感器技术

传感器技术是利用各种功能材料实现信息检测的应用技术。传感器技术实际上是检测原理、材料科学、工艺加工3个要素的有机结合。随着材料科学的发展和固体物理效应的不断发现，传感器技术已建立起一个日益完整的独立学科体系——

传感工程学。

当前，传感器技术的发展方向可概括为：开展基础性研究；发现新现象；采用新原理；开发新的功能材料；采用新的加工工艺；拓展传感器功能和应用领域。其发展趋势是小型化、集成化、智能化等。

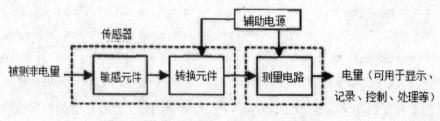

图 1-1 传感器的组成（图片来源：网络）

敏感元件是指传感器中能够直接感受或响应被测量（输入的非电量）的部分，往往是将被测非电量预先变换成另一种易于变换成电量的非电量，然后再变换成电量。转换元件是指传感器中能将敏感元件输出的非电量转换成适于传输和测量的电量信号的部分。

需要指出的是，并不是所有的传感器都明显地分为敏感元件和转换元件两部分。热电阻、电容法传感器等，两部分不是合二为一的；有的传感器，其敏感元件和转换元件则合二为一，例如压电传感器霍尔器件等将非电量直接转换成电量。

测量电路是指将传感器输出的电量变成便于显示、记录、控制和处理的有用电信号的电路。测量电路本身并不是传感器。测量电路的类型视传感器的分类而定。常用的测量电路有交流电桥、直流电桥及其他特殊的电路，如高阻抗输入电路、脉冲宽度调制电路、振荡回路等。

（四）传感器的分类

传感器产业是一个知识密集、技术密集的行业，它与许多学科有关。传感器的种类繁多，有的传感器可以同时测量多种参数而有时对同一种非电量，有多种不同类型的传感器可以测量。因此，传感器的分类方法很多且不统一，下面介绍一些常用分类方法。

按检测对象可分为温度、压力、流量、速度、加速度、磁场、光通量、位移等传感器。

按输出信号的类型分为模拟式传感器和数字传感器。输出为模拟信号的传感器，其输出一般为连续的模拟信号；输出为数字信号的传感器其输出是"1"和"0"两种信号。

按传感机理分为结构型、物理型、混合型以及生物型传感器。其中结构型传感器是基于某种结构参数变化实现信息转换的；物理型是依赖其敏感元件物理特性的变化实现信息转换的；混合型传感器是结构型和物理型传感器组合而成的；生物型传感器是利用微生物或生物组织中生命体的活动现象作为变换结构的一种传感器。

按能量关系分为能量转换型和能量控制型传感器。能量转换型传感器是直接将被测能量转换为输出能量；能量控制型传感器是从外部供给传感器能量，而由被测量来控制输出能量。

按工作原理分为机械式、电气式、辐射式、流体式等传感器。

（五）传感器的选用原则

如何根据测试目的和实际条件，正确合理地选用传感器，是需要认真考虑的问题。选择传感器主要考虑其静态特性、动态响应特性和测量方式等三个方面的问题，而静态特性又包括灵敏度、线性度、精度等指标，动态响应特性包括稳定性、快速性等指标。

1. 灵敏度

一般来说，传感器灵敏度越高越好，因为灵敏度越高，意味着传感器所能感知的变量越小，即只要被测量有一微小变化传感器就有较大的输出。但是，在确定灵敏度时，还要考虑以下几个问题：

（1）当传感器的灵敏度很高时，那些与被测信号无关的外界噪声也会同时被检测到，通过传感器输出，从而干扰被测信号。因此，为了既能使传感器检测到有用的微小信号，又能使噪声干扰小，要求传感器的信噪比（SN）越大越好。也就是说，要求传感器本身的噪声小，而且不易从外界引进干扰噪声。

（2）与灵敏度紧密相关的是量程范围。当传感器的线性工作范围一定时，传感器的灵敏度越高，干扰噪声越大越难以保证传感器在线性区域内工作。不言而喻，过高的灵敏度会影响其适用的测量范围。

（3）当被测量是一个向量时，并且是一个单向量时，就要求传感器单向灵敏度越高越好，而横向灵敏度越低越好；如果被测量是二维或三维的向量，那么还应要求传感器的交叉灵敏度越小越好。

2. 线性范围

任何传感器都有一定的线性范围。在线性范围内输出与输入成比例关系。线性范围越宽，则表明传感器的工作量程越大。传感器工作在线性区域内，是保证测量精度的基本条件。例如机械式传感器中的测力弹性元件，其材料的弹性极限是决定测力量程的基本因素，当超出测力元件允许的弹性范围时，将产生非线性误差。

然而，对任何传感器保证其绝对工作在线性区域内是不容易的。在某些情况下，在许可限度内也可以取其近似线性区域。例如，变间隙型的电容、电感式传感器，其工作区均选在初始间隙附近，而且必须考虑被测量变化范围，令其非线性误差在允许限度以内。

3. 稳定性

稳定性是表示传感器经过长期使用以后，其输出特性不发生变化的性能。影响传感器稳定性的因素是时间与环境。

为了保证稳定性，在选择传感器时一般应注意两个问题。其一，根据环境条件选择传感器。例如选择电阻应变式传感器时，应考虑到温度会影响其绝缘性，温度会产生零漂，长期使用会产生蠕动现象等。又如，对变极距型电容法传感器，环境温度的影响或油剂侵入间隙，会改变电容器的介质。光电传感器的感光表面有尘埃或水汽时会改变感光性质。其二，要创造或保持一个良好的环境，在要求传感器长期工作而不需经常更换或校准的情况下，应对传感器的稳定性有严格的要求。

4. 快速性

传感器在其所测频率范围内，为保证不失真的测量条件，其输出响应总不可避免地有一定延迟，但延迟的时间越短越好。一般物理型传感器（如利用光电效应、压电效应的传感器），响应时间短可工作频率宽；而结构型传感器如电感、电容、磁电等传感器，由于受到结构特性影响，往往由于机械系统惯性质量的限制，其固有频率低，影响到传感器的工作频率范围。

5. 精确度

传感器的精确度用来表示传感器的输出与被测量的一致程度。如前所述，传感器处于测试系统的输入端，因此传感器能否真实地反映被测量，对整个测试系统具有直接的影响。然而，在实际中传感器的精确度并非越高越好，这还需要考虑到测量目的，同时还需要考虑到经济性。因为传感器的精度越高，其价格就越昂贵，所以应从实际出发来选择传感器。

在选择传感器时，首先应了解测试目的，判断是定性分析还是定量分析。如果是相对比较性的试验研究，只需获得相对比较值即可，那么应要求传感器的重复精度高，而不要求测试的绝对量值准确；如果是定量分析，那么必须获得精确量值。但在某些情况下，要求传感器的精确度越高越好。例如，对现代超精密切削机床，测量其运动部件的定位精度、轴的回转运动误差、振动及热变形等时，往往要求测量精确度在 $0.1 \sim 0.01 \mu m$ 范围内，欲测得这样的精确量值，必须有高精确度的传感器。

6. 测量方式

传感器在实际条件下的工作方式，也是选择传感器时应考虑的重要因素。例如，接触与非接触测量、破坏与非破坏性测量、在线与非在线测量等，条件不同，对测量方式的要求亦不同。

在机械系统中，对运动部件的被测参数（如回转轴的误差振动、扭力矩等），往往采用非接触测量方式。因为对运动部件采用接触测量时，有许多实际困难，诸如测量头的磨损、接触状态的变动、信号的采集等问题，都不易妥善解决，容易造成测量误差。这种情况下采用电容法、涡流式、光电式等非接触式传感器很方便，若选用电阻应变片，则需要配备遥测应变仪。

在某些条件下，可以运用试件进行模拟实验，这时可进行破坏性检验。然而有时无法用试件模拟，因被测对象本身就是产品或构件，这时宜采用非破坏性检验方法。例如，涡流探伤、超声波探伤、核辐射探伤以及声发射检测等。非破坏性检验可以直接获得经济效益，因此应尽可能选用非破坏性检测方法。

在线测试是与实际情况保持一致的测试方法。特别是对自动化过程的控制与检测系统，往往要求真实性与可靠性，必须在现场条件下才能达到检测要求。实现在线检测是比较困难的，对传感器与测试系统都有一定的特殊要求。例如，在加工过程中，实现表面粗糙度的检测，以往的光切法、干涉法、触针法等都无法运用，取而代之的是激光、光纤或图像检测法。研制在线检测的新型传感器，也是当前测试技术发展的一个方向。

除了以上选用传感器时应充分考虑的因素外，还应尽可能兼顾结构简单、体积小、质量轻、价格便宜、易于维护、易于更换等条件。

第二节　位移精密测量技术研究现状

位移精密测量技术是工业 4.0 发展的必要条件，位移精密测量体现了一个国家的工业综合实力和技术水平，数控制造业、航空航天、军工装备和高科技领域的发展等都取决于位移精密测量技术的发展水平。在现有的精密位移测量手段中，光学测量以其精度高、测量范围广、分辨率高、可靠性高等优势捍卫着主导地位，其中光栅计量传感器应用最为广泛。然而，由于我国对光栅传感器的研究技术水平还有待提高，高精度、高可靠性的光栅传感器依赖进口。因此，研制出高精度、高可靠性的光栅传感器势在必行。

由于光学显微镜受其物理衍射极限的限制，已逐渐被 AFM、SEM 和 SPM 等具有更高分辨力的仪器所取代，而在进行图像扫描过程中，为了满足高速高精度的测量要求，需要纳米位移台带动样品稳定、可靠地做三维运动，这就需要纳米位移台的三轴运动性能（如移动分辨力、线性度等性能）足够高，三轴向扫描运动时的耦合效应足够小，这样才能尽量减小甚至消除因位移台运动而在图像扫描中引入的不确定度。为了使纳米位移台能实现高精度位移，必须引入反馈控制，目前主流的反馈方法是使用电容法进行位移量反馈。但电容法位移测量量程小、电磁干扰及寄生电容对测量精度影响较大。由于光栅的低温特性、不受气压和湿度影响的特性，以及重复性主要受光栅加工误差影响等特性，在位移测量方法中光栅正在成为最具有发展潜力的发展方向。

在战略武器方面，近年来，无人作战、精确制导、远程遥控已成为信息作战的重要形式，重点是发展各种制导武器，实现远程攻击，提高信息作战的能力。而基于惯性制导系统的小型无人机、制导导弹、战术导弹、微小卫星，因其不受外界干扰的特点已成为各国在国防科技的重点发展方向。在各种精确制导武器中，制导仪表的加工和装配精度直接影响惯性制导武器的命中精度，惯性制导系统中的测量装置直接安装在载体上，安装位置及安装误差会引起惯性导航系统对载体运动的敏感性和相关参数的测量产生影响，进而影响到惯导系统的导航精度。因此其关键零部件需要纳米级的加工和测量。

微位移是微小位移的简称，通常是指位移范围仅为几个毫米或几个微米甚至更小，而位移测量的准确度特别高（目前已达到纳米量级）的技术。而微位移测量则是指采用各种传感与测量技术实现微位移的高精度测量，随着纳米技术及超精密加工技术的发展与提高，微米级别的测量精度难以满足精密机械、微电子制造、航空航天、生物科技等行业的需求。因此，微位移测量技术作为重要的关键共性技术在各领域都得到了广泛应用。目前，高精度微位移测量技术以激光干涉式、电容法和光栅式为主。

一、国外位移传感器发展现状

（一）激光干涉测量技术

激光干涉测量技术是以激光波长为测量基准，以光波信号作为载体将被测位移量导致的光程差转换为干涉信号，并通过信号处理获得被测位移的测量技术。

激光干涉测量技术一般利用激光干涉仪来进行位移测量。阿尔伯特·亚伯拉罕·迈克尔逊在 19 世纪 80 年代发明了迈克尔逊干涉仪，其基本原理是利用光的波长作为度量单位进行精密测量。第一个迈克尔逊干涉仪使用白光作为光源，一个固定镜子和一个可移动镜子测量线性位移。后来使用激光器发射激光代替白光，最终分辨率可达到 0.001 μm。

激光干涉仪分为单频激光干涉仪和双频激光干涉仪，单频激光干涉仪通过计算干涉条纹数量实现被测对象的衍射光强，要求测量环境大气处于稳定状态，各种空气湍流均会引起测量结果的误差，因此单频激光干涉仪的应用推广受到比较大的限制；双频激光干涉仪则应用频率变化来测量被测对象的位移量，对于因为环境变化及光源光强变化等引起的变化不敏感，抗干扰能力较单频激光干涉仪有较大幅的提升，故目前应用更为广泛。

如今，单频系统和双频系统的干涉仪所使用的激光已经完全取代了白光，其中英国雷尼绍公司的 ML-10 和 XL-80 与美国是德科技公司的 5529A 分别为单频和双频系统的代表产品。英国雷尼绍公司设计制造激光干涉仪已有三十多年的历史，1987 年生产的 ML-10 激光干涉仪系统具有较高的测量精度和可靠性；2007 年雷尼绍推出新型 XL-80 激光干涉仪系统，该系统在测量精度、便携性及动态测量性能方面都有显著的提高，其激光稳频精度可以达到 ±0.5ppm。是德科技公司前身是安捷伦，是世界最早激光干涉仪研发公司，致力于研究发明双频激光干涉仪和外差式激光干涉仪。5529A 是安捷伦公司最具代表性的双频激光干涉仪，其测量范围达到 80m，可实现纳米级的分辨率，由于利用双频激光干涉技术，消除了光强变化所导致的误差，因此具有较高的可靠性。

此外，美国光动 LICS-100 便携式激光干涉仪集光动公司创新的多普勒激光测量技术和现今最先进的光电子技术于一身，是激光测量系统的创新之举，主要用于长度（位置）精度等线性测量。意大利芬诺 LP30 Compact 激光干涉仪是全球最畅销的用于长度计量的激光干涉仪，其最大的优点是所有测量功能均采用激光干涉原理，性能稳定，使用可靠，功能扩展性强，价格适中。

激光干涉仪采用波长作为测量基准，虽然激光干涉仪具有量程大、测量的精度高、速度快等优点，但其测量精度易受温度、湿度、空气干扰等外界环境因素，测量空气的折射率，测量范围影响。因此，需要对激光干涉测量系统进行连续补偿，使得体积变大，操作复杂，一般难以应用于工业现场。

（二）电容位移测量技术

电容法是微位移测量方法中发展最快的方法之一。电容法位移传感器由动极板和静极板组成，当动极板相对静极板产生相对位移时，电容器的电容量将随位移量发生变化，根据电容量的变化实现位移量的测量。电容法位移传感器具有动态响应快、结构简单、体积小、分辨率高、非接触式测量、对高温等恶劣环境的适应能力强等特点，多应用于超精密位移测量。

目前，美国和德国在高精度的电容法位移传感器测量领域已经处于领先地位。德国 Micro-Epsn（ME）公司生产的 capa NCDT6100 型单极板电容传感器，直径为 6mm 的探头，在 $10\mu m$ 测量范围内，分辨为可达 0.5nm，频响为 2KHz；英国 Queensgate 公司生产的 Nano-sensor 型电容传感器，直径为 20mm 的探头，在 $500\mu m$ 测量范围内，分辨力可达 0.1nm，频响为 5KHz；美国 Lion Precision（LP）公司生产的 Elite 型电容传感器产品分辨力能够达到 0.05nm，并具有 0.5nm 的精度，频响为 10KHz，它的缺点是每实现一个通道的位移测量就要搭建一个电容传感器，要实现多自由度的位移检测，价格昂贵且传感器标定较为复杂。

德国 Physik Instrument（PI）公司在微定位和纳米定位技术领域长期积累了宝贵经验，其产品在半导体制造、显微技术、表面测量技术、生物技术、医学工程及自动化技术领域得到广泛应用，其生产的 D-510 系列单电极电容位移传感器，直径为 8mm 的探头，在 $10\mu m$ 测量范围内分辨力能够达到 0.4nm，频响为 10KHz；其 D015/050/100 系列的双电极电容位移传感器最大行程可达 $1000\mu m$，分辨率为 0.01nm 或更高；其 P517、P527 系列电容位移传感器具有超高精度，用于扫描显微镜的六维纳米系统可集成在定位系统中或附着于外部，其精度为 10nm，量程为 $250\mu m$，分辨率可达 2nm。

虽然现在电容法的位移测量技术已经趋于成熟，但是电容测量法由于受环境电磁干扰影响较大、量程较小、寄生电容影响测量精度等因素限制了其使用范围。

（三）光栅位移测量技术

光栅位移测量技术是在莫尔条纹的基础上发展起来的。光栅的研究和发展可追溯至几百年前，但一直被物理学家和天文学家作为衍射元件用于波长测定和光谱分析中。直到 1950 年，德国 Heidenhain 公司提出了 DIADUR 光刻复制工艺，即在玻璃基板上蒸发镀铬，该工艺的刻线精度能达微米或亚微米水平，可以用来制造高精度并且价格低廉的光栅尺。在妥仑纳（Tolenaar）提出关于莫尔条纹的几何解释后，英国费伦蒂公司的爱丁堡实验室于 1953 年成功研制出世界上第一台利用莫尔条纹原理工作的样机，使得光栅开始应用于位移测量。两年后该实验室设计了一个能够输出四相信号的光栅位移测量系统，其输出信号实现了光学 4 细分，并能鉴别光栅的移动方向，该方法奠定了光栅位移测量信号细分及辨向的基础，随后商品化的光栅位移传感器开始出现并被市场接受。

采用光栅作为测量基准，具有测量基准固定，不受环境影响的优点；同时对光源稳频要求不高，因而成本大幅降低；同时由于电子技术的应用，能够产生数字位移信号，便于应用于自动控制系统中。因此，采用光栅作为测量基准的光栅尺在现代工业中得到广泛应用，但是传统光栅尺采用几何莫尔条纹原理进行测量，受测量原理的限制，当光栅密度增大，刻线周期小于 $20\mu m$ 时，由于衍射现象变得显著，莫尔条纹信号的质量因高次谐波的影响而降低，同时要求光栅副的间隙很小，仅为几十微米，使得仪器的安装十分困难，可靠性变低，精度无法提高，因此采用传统几何莫尔条纹技术进行位移测量无法满足高精度纳米测量要求。

因此，日本、德国等国家先后提出并发展了基于光栅衍射光干涉的测量技术，并成功研制了高性能产品。采用此项技术，可以突破传统几何莫尔条纹原理对光栅密度的限制，采用高密度衍射光栅，大幅提高原始信号的分辨力，获得高质量的信号，可以进行高倍电子细分，最终提高整体测量精度和分辨力，产品具有抗干扰、抗恶劣环境、易于安装使用等优点，得到广泛应用。在国外，此项技术已经发展较为成熟，并已形成系列产品，但采用此原理的高端产品对我国实行禁运，因此研究基于光栅衍射的光干涉位移测量原理及其工程应用技术对我国的基础工业和航空航天业具有重要意义。

目前国外光栅位移传感器以德国的海德汉和英国的雷尼绍为代表，二者产品广泛应用在各类长度测量、机床及精密仪器中。以海德汉为代表，80 年代，海德汉公司在钢基材料上制作出了具有高反射率的反射光栅，称之为 AU-RODUR 工艺，随后，德国海德汉公司基于双光栅影像原理，研制出了 LS、LB、LIDA 系列的光栅尺，其采用的光栅为几何光栅，栅距一般大于 $20\mu m$，测量分辨力可达微米级和亚微米级。

1985 年，德国海德汉公司基于双光栅干涉原理提出了一种新型测量方法，其主要工作原理是利用光束通过透射扫描光栅和反射标尺光栅后衍射光的相干叠加来实现 X 方向位移的测量。该系统利用衍射光栅本身的结构实现光学移相，能够获得三路 120°相移的干涉信号，不需要借助偏振片等其他元件，具有结构简单紧凑的特点。该位移测量系统可以实现 2 倍光学细分，当选择标尺光栅栅距为 8μm 时，在不进行电学细分的情况下，其分辨力为 4μm。

基于该原理，海德汉公司又相继研制出的 LF、LIP、LIF 系列光栅尺，采用的光栅为衍射光栅，栅距为几个微米，分辨力可达纳米量级。随后，其设计了一款独特的创新型二维光栅尺 LIF400 1Dplus，配有两个或三个扫描部件，可在 X 和 Y 方向上进行同时测量，它可以测量某个工作台或设备运动时的线性导向误差，因而可以对这些误差进行快速处理和补偿，其 X 轴测量精度等级为 ±1μm，光栅栅距为 8μm。

1995 年，德国 Heidenhain 公司研制成功用于二维位移测量的平面栅格光栅，在此基础上才出现了目前仍在销售的 PP281 型二维光栅尺。该型光栅尺使用玻璃基体的栅距 8μm 的二维平面光栅，典型测量范围 68mm×68mm，其分辨力可以达到 1nm，测量准确度为 ±2μm。

2005 年，海德汉在行业里率先突破单轨道绝对编码技术，并且使用了集成电路设计，把图像传感器和用于单场扫描的光电池阵列集成到了一个芯片上，节省了空间，提高了工作效率。2014 年海德汉 LC 系列推出升级系列 LC185 和 LC485，相比较前一代，进一步提升了信号质量，双层密封结构提高了安全性能，为适应市场对新接口进行了适配，精度等级达到了 3μm，分辨率最高稳定在 1nm。2016 年海德汉最具代表性也是当今世界最先进的产品是 LP100 超高精密封闭式直线光栅尺，采用 Zerodur 刻线工艺，消除热胀冷缩对尺身的影响，测量距离最高 4240mm，精度等级 ±3um，分辨率高达 31.25pm。

英国雷尼绍（RENISHAW）主要产品有 RG2 和 RG4 两大系列，其中 RGH25F 高速直线光栅尺具有很强的抗冲击能力，分辨率为 0.005μm，

定标精度可达到 ±3μm。雷尼绍的光栅尺采用的是金属反射光栅，优点是耐磨耐用，抗噪声能力强，分辨率高。在 2016 年，结合中国的市场环境推出全新 VIONIC 光栅系列，将滤波系统，细分技术，DSP 技术集成于读数头内部，无需外接接口，分辨率最高可达 2.5nm，电子细分误差小于 30nm，各项指标性能均代表了世界最高水准。

日本佳能公司在衍射光干涉方面做了大量研究，并取得了突破，申请了许多

专利。其中 1990 年申请的一种光路结构最为典型，被用于佳能位移传感器中，佳能位移传感器凭借丰富的技术储备，不断发展，已经能够实现超小型的微米线性精度的线性传感器，其 ML-08/1000GA 系列的产品采用栅距为 1.6μm 的光栅，在 10mm 范围内，线性精度可达到 ±0.08μm，结合最大细分倍数 1000 倍的电子细分卡，可实现最大分辨率 0.8nm。

二、国内位移测量技术发展现状

（一）激光干涉测量技术

自 20 世纪 70 年代，我国的激光干涉测量技术也有了较快的发展，我国多个研究机构及高校投入大量精力研究激光干涉仪并且取得了一定的成果。1975 年中国科学院成功研制了我国历史上第一台双频激光干涉仪，其主要参数指标达到当时国际水平，量程为 60m，精度达到 0.5×10^6 mm。20 世纪 90 年代，哈尔滨工业大学成功研制出光电接触式激光干涉仪，该激光干涉仪分辨率为 0.01pm。

2018 年清华大学提出了两种激光自混合干涉仪（频率复用激光自混合干涉仪和全程准共路式激光自混合干涉仪）已经实现仪器化。其中，全程准共路激光自混合干涉仪的分辨力优于 2nm，测量速度可达 ±1m/s，自动环境误差补偿。看其发展前景，或许可替代现有的激光干涉仪的大部分功能。

（二）电容位移测量技术

在国内，浙江大学、北京交通大学、天津大学、中科院等高校和科研机构都有电容法位移传感器研究的相关报道，但成型的产品还较少，目前已报道的有，天津大学精密仪器学院应用运算放大器研制的 JDC 系列电容微位移测量仪以及北京密云机床研究所应用调频法研制的 DWS 型电容测微仪。其中，JDC 系列电容微位移测量仪，直径为 3.5mm 的探头，在 4μm 测量范围内，分辨力能够达到 1nm，频响为 3.5KHz；DWS 型电容测微仪在 3μm 测量范围内，分辨力能够达到 2nm，频响为 7.5KHz；此外，华中科技大学设计了一种利用极板间距变化进行二维纳米定位系统位移测量的二维精密电容微位移传感器，量程为 500nm，分辨率为 1nm，精度优于 1nm。

（三）光栅位移测量技术

国内从 60 年代也开始了对精密测量领域的研究，起步比较早。1964 年，我国第一块圆光栅在长春光电研究所诞生。光栅尺的研发使用最初是应用在军工企业，参与的也多为科研机构与大学院校,并没有在企业中进行。到 70 年代,光栅位移测量技术已经形成了一定的规模,在长度测量等方面得到了广泛的应用,直到改革开放以后,许多的企业开始引入德国海德汉、日本佳能、英国雷尼绍等国际著名公司的光栅尺,用于改造自己的旧机床,用以提高机床的位移测量精度。随着科研能力的不断提升,技术水平的不断提高以及对光栅尺认识的进一步加深,中国对光栅尺具有了一定的知识储备和研发能力。

近几年,中国科学院长春光学精密机械与物理研究所致力于研究绝对式光栅线位移传感器单码道编码技术;广州信和致力研究钢带光栅线位移传感器。其中,中科院长春光机所研制的高密度衍射光栅线位移传感器,主要用于科学仪器绝对式角度编码器,2015 年光机所在绝对式光栅尺上又取得了巨大的进展,其研制的最新的 JC 系列绝对式光栅尺分辨率可达到 $0.01\mu m$,测量长度从 220mm ~ 4040mm,修正后的测量精度达到 ±3um ~ ±5um,主要指标达到了国际同类产品水平。

此外,高校中浙江大学、重庆大学研究的时空脉冲细分,精度能够做到了微米级;国防科技大学研究了双极闪耀光栅位移测量试验系统,能够使分辨率达到 $0.02\mu m$;合肥工业大学研究了高精度二维平面光栅位移测量系统的关键技术,并给出了其研究的一种光栅位移测量系统的实验结果,系统的分辨率约为 10nm,极限误差小于 $0.31\mu m$。但是,现阶段国内所使用的高分辨率的光栅位移传感器大都依赖于进口,并且高端产品对我国实施禁运,因此,研究高精度,高分辨率的光栅位移测量技术具有重要的意义。

为了获得高精度、高分辨率的光栅位移测量技术,2017 年起,中北大学李孟委等人开展了相关纳米光栅的制作与加工的研究,制作了一系列高密度的纳米光栅,并在此基础上开展了纳米光栅微位移测量技术的研究,并搭建了原理验证实验装置,装置主要包括光学模块、光电探测模块和细分电路模块。设计的位移测量装置可以实现纳米级的分辨率,但干涉模块的稳定性和光学系统的设计仍需进一步的完善,以提高传感器的分辨率。

第三节　传感器信号的处理与研究

一、电桥与电桥的电源

电桥主要用于把被测的非电量(或电量)转换成电阻,电感、电容的变化,再变成电流或电压的变化,它是测量系统中广泛使用的一种电路。根据电桥的供电电源不同，可分为直流电桥和交流电桥两种；直流电桥主要用于应变式传感器，如电阻应变仪、热电阻温度计等，也可用于测量电压的变化，如热电偶及毫伏变送器等；交流电桥主要用于检测电感和电容的变化，如用于电感和电容法传感器。

（一）直流电桥

直流电桥的原理电路如下图所示。

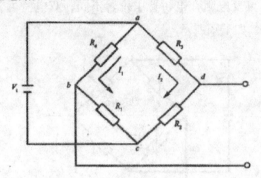

图1-2　直流电桥电路原理图（图片来源：《自动检测技术》）

1. 单电桥

如下图所示，所谓单电桥是指传感器的敏感元件只作为电桥的一臂，而其他3个臂的电阻值相等。图中 R_1 为可变电阻，x 是以零为中心正负偏差的分数，即 x = $\Delta R_1/R$，在应变仪中，x 是应变的函数。

$$\Delta V_0 = \frac{1}{2}V_1 - \frac{R(1+x)}{R+R(1+x)}V_1 = -\frac{1}{4}V_1 \cdot \frac{x}{1+\frac{x}{2}} \approx -\frac{V_1}{4}x \qquad （式1-5）$$

当 x 的变化量很小时，输入与输出保持良好的线性关系。例如，V1 = 10V，x 最大变化为 ±0.002，则 ΔV = ±（0～5）mV，其线性度在0.1%以内；当x增加到 ±0.02 时，输出 ΔV = ±（0～5）mV，其线性度降至1%。

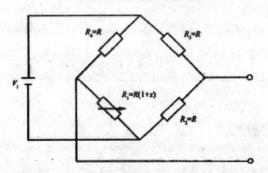

图1-3　单电桥电路原理图（图片来源：《自动检测技术》）

单电桥电压灵敏度为：

$$K_v = \frac{\Delta V_0}{V_1} = -\frac{1}{4}x \qquad （式1-6）$$

2．双电桥

如果在单电桥中采用两个相同的可变电阻则可使灵敏度成倍提高，这种电桥称为双电桥。根据可变电阻在电桥臂中位置不同，双电桥可分为相邻臂双电桥和相对臂双电桥两种，如下图所示。

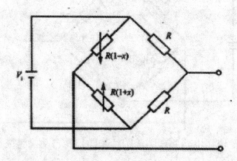

图1-4　相邻臂双电桥电路原理图（图片来源：《自动检测技术》）

$$\Delta V_0 = \frac{1}{2}V_1 - \frac{R(1+x)}{R(1+x)+R(1-x)}V_1 = -\frac{V_1}{2}x \qquad （式1-7）$$

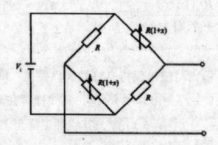

图1-5　相对臂双电桥电路原理图（图片来源：《自动检测技术》）

$$\Delta V_0 = \frac{R}{R+R(1+x)}V_1 - \frac{R(1+x)}{R(1+x)+R}V_1 \approx -\frac{V_1}{2}x \quad (x \leq 1时) \qquad （式1-8）$$

双电桥电压灵敏度为：

$$Kv = \frac{\Delta V_0}{V_1} = -\frac{1}{2}x \qquad （式1-9）$$

3. 全电桥

全电桥是 4 个臂上都接变化的电阻的电桥，如下图所示。例如变电阻式传感器中的扩散硅差压变送器测量电路，采用的电桥就是这种全电桥电路。

电桥平衡时，$R_1 = R_2 = R_3 = R_4 = R$；当敏感元件受力变化时，其变化规律为 $\Delta R_1 = \Delta R_2 = \Delta R_3 = \Delta R_4 = \Delta R$，输出电压为：

$$\Delta V_0 = \frac{R\ (1-x)}{2R}V_1 - \frac{R\ (1+x)}{2R}V_1 = -xV_1 \qquad （式 1-10）$$

全电桥电压灵敏度：

$$K_v = \frac{\Delta V_0}{V_1} = -x \qquad （式 1-11）$$

可以看到，在 3 种直流电桥中，双电桥的电压灵敏度是单电桥的 2 倍，全电桥的电压灵敏度是单电桥的 4 倍。但是，随着电压灵敏度的提高，双电桥和全电桥的非线性度也相应地增加同样的倍数。

（二）交流电桥

如下图所示，交流电桥的激励源为交流电源，4 个臂上接的是阻抗元件 Z_1、Z_2、Z_3、Z_4。

用复阻抗 Z 代替电阻 R，且输入电压和输出电压均用复数表示，即分别为 v 和 v，则交流电桥输出电压表达式与直流电桥相同，即：

$$\Delta V_0 = \frac{Z_2 Z_4 - Z_1 Z_3}{(Z_1 + Z_4)\ (Z_2 + Z_3)}V_1 \qquad （式 1-12）$$

交流电桥基本上分电容电桥和电感电桥两大类，它们广泛用于电容法传感器和电感式传感器的测量电路中。

（三）直流电桥的电源

为了获得稳定的电桥驱动电源，减小电源变化对电桥工作的影响，常采用恒压源或恒流源作电桥的电源。

1. 直流电桥的恒压源

在直流电桥中，为了获得稳定的电桥驱动电压，常采用单独的稳压电源供电。

（1）集成电路稳压源

如下图所示，采用 AD587 集成电路做基准电源，输出 + 10V 电压，经过电压跟随器 AD741 和电流扩展器，为 250Ω20 直流电桥提供恒压电源。

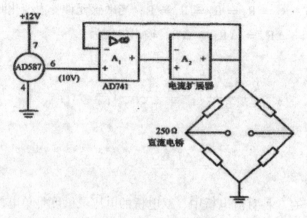

图 1-6　集成电路稳压电源（图片来源：《传感器》）

（2）低成本电桥电源

在一些测量精度要求不高的场合可以采用一些低成本稳压电源，下图为一个采用普通稳压管的直流电桥恒压驱动电路。其中 A_1 为电压跟随器，VT_1、VT_2 组成电流扩展器。

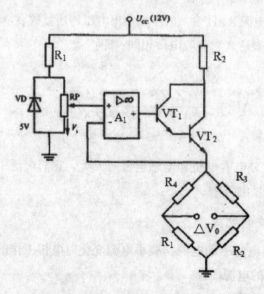

图 1-7　低成本的电桥驱动电源电路（图片来源：《传感器》）

2. 直流电桥的恒流源

在应变式、压阻式传感器测量电路中，为了减小环境温度和流过电桥臂上电阻电流变化产生的影响，要求流过的电流要稳定，以避免因电流变化产生的热量变化导致电阻体发生变化，给测量带来额外误差，因此要求电桥在恒流电源下工作。

（四）交流电桥的电源

交流电桥的电源要求为纯净的正弦波信号。获得稳定的交流电桥驱动电源的方法有多种。对于音频电桥，一般采用 RC 振荡器。只有在工频下工作的高压交流电桥，才直接使用电网电压。对于有严格频率要求的交流电桥，目前通常采用石英晶体振荡器，通过频率综合器或可编程分频器得到所需要的频率。随着集成电路的发展，已出现了专用正弦信号发生集成电路，为用户获得所需频率的信号源提供了极大方便。

随着专用集成电路和单片机应用技术的发展，可编程控制的多功能数字式正弦集成发生器也得到了广泛使用。

二、传感器信号放大

传感器信号放大的目的是将微弱的传感器输出信号，放大到足以进行各种转换处理或用以推动各种执行机构。不同的传感器类型需要不同的测量放大电路结构形式。随着集成技术的发展，目前已广泛采用集成运算放大器组成各类放大电路，或采用专用集成放大器。

（一）测量放大电路的基本要求

测量放大器是一种综合技术要求比较高的高性能放大器。无论用于何种环境何种测量对象，测量放大器都必须满足下列基本要求：

第一，测量放大电路的输入阻抗应与传感器输出阻抗相匹配。

第二，稳定的增益和低噪声。

第三，低的输入失调电压和失调电流，低漂移。

第四，足够宽的频带和足够快的转换速率。

第五，高的共模抑制比和共模输入范围。

第六，足够宽的闭环增益调节范围和线性区。

第七，高的性能价格比。

（二）直流 mV 级放大器

将 mV 级信号高精度放大时，由于放大倍数很高，即使输入信号为零，在输出端也出现偏差和漂移电压。因此，减小测量放大电路的电压漂移是非常关键的。

直流 mV 级放大电路有两种方式：一是使用高精度运算放大器；二是使用斩波稳零放大器。

1. 高精度运算放大器

超低失调电压超低漂移的典型运算放大器有 OP-07 和 LT101。

2. 斩波放大器

ICL7650 是自稳零斩波放大器。它具有极低的失调电压和输入偏置电流。

（三）直流 nA 级放大器

直流 nA 级放大器将测得的微小电流信号放大并转换为电压信号。与直流 mV 级放大器一样，直流 nA 放大器同样应极力抑制输出失调电压和漂移。在输入信号为微小电流源的放大电路中，决定输出失调电压的主要因素是集成运放偏置电流流过高阻值反馈电阻而产生的输出电压。因此，直流 nA 级放大电路要采用高输入阻抗运算放大器。压电传感器、光电二极管传感器的输出信号常采用此类电路进行放大。

以场效应管为输入级的运算放大器，在常温下其偏量电流一般比双极型运放低 2 个数量级，直流 nA 级放大器一般均采用这种运算放大器组成。

（四）高共模抑制比放大器

各种非电量的测量，通常由传感器把它转换成电压（或电流）信号，此信号一般都很微弱，且动态范围大，往往伴随很大的共模电压（包括干扰电压）。因此，一般采用差动输入集成运算放大器，或专用单片仪用放大器，主要作用是对传感器信号进行精密的电压放大，同时对共模干扰信号进行抑制，以提高信号质量。

仪用放大器与通用集成运算放大器相比，有其特殊的要求。主要表现在高输入阻抗、高共模抑制比、低失调与漂移、低噪声以及高闭环增益稳定性。

第四节　涡流传感器

一、涡流检测的发展历史及研究现状

涡流无损检测凭借其非接触、无污染、稳定性高、体积小等优点在工业无损检测（Nondestructive Testing）领域中占有非常重要的地位，广泛应用于飞行器、天然气管道、机械装备以及大型发电设备的缺陷检测等领域。涡流无损检测与其他四种常用检测方法（射线法、超声法、磁粉法、渗透法）并称为五大常规无损检测方法。这五种方法在工业检测中都有着广泛的应用，每种方法又都有自身的限制，需要根据使用场景合理选择检测方法，有时也需要将多种检测方法进行结合。

（一）涡流检测的发展历史

涡流检测技术从应用到发展已有 100 多年的历史，19 世纪 20 年代法国科学家加贝通过铜板实验证实了感生涡流的存在。随后，法拉第发现了电磁感应定律，为涡流检测技术的应用奠定了基础。到 19 世纪 70 年代，麦克斯韦进一步继承发展了法拉第的成果，应用电磁感应原理建立了电磁场的理论方程，为涡流检测的工作原理提供了理论支撑。随后几年，科学家休斯率先将理论与实践相结合，通过涡流检测对不同金属材质进行区分。但是由于受到不同实验参数以及被测材料电磁属性的影响，加之缺乏相应的干扰抑制手段，此后的一段时间，涡流检测技术的发展比较缓慢。

1950 年福斯特博士率先提出以线圈等效阻抗分析的方法对涡流检测进行理论分析，突破了以往检测理论的不足，自此涡流检测技术得到了快速发展。通过线圈复阻抗平面图进行直接的测量分析，能够起到抑制干扰因素的效果。考虑到感生涡流的交变特性，会存在趋肤效应，而趋肤深度与激励频率成反比，故不同激励频率下涡流的深度不同。

1970 年，Libby 率先提出多频涡流检测方法，对探头线圈加载不同激励频率的电流，对不同频率下的线圈阻抗进行分析，能够显著增强涡流探伤的能力。随后，威廷（Witting）等人提出了脉冲涡流检测方法，将线圈的正弦激励换成矩形脉冲激励，再对测量信号进行频谱分析，并将其应用到金属缺陷检测方面。因此，传感器线圈所通激励电流的形式至关重要，根据激励信号的不同，又能将其区分为传统型（通入单一频率正弦交流电）、多频型（通入不同频率的正弦交流电）和脉冲型（通入矩形脉冲方波）。不同激励形式往往有着不同的使用环境。进入 21 世纪后，结合高速发展的计算机科学技术、电子信息及制造技术，涡流检测的基础理论分析及各类应用都获得了极大的发展。

（二）国外研究现状

国外关于涡流无损检测技术的分析和研究，在产品开发和机理研究这两方面起步都比较早，取得的成果也比较多。在涡流传感器的商业领域，国外几大著名传感器制造商长期占据着大半个市场，如美国卡曼（KAMAN），日本基恩士（KEYENCE）等。在涡流检测的理论研究方面，比昂（Bihan）提出了变压器型等效电路的分析模型，推导了线圈阻抗表达式。多德（Dodd）对轴对称涡流问题开创性地利用磁矢势的形式进行了解析求解。随后，鲍勒（Bowler）等人也对不同应用背景下的线圈阻抗进行了解析建模研究。贝穆德斯（Bermudez）对轴对称涡流问题从数值求解的角度进行了分析。德雅尔丹（Desjardins）提出了一种获取电感祸合电路精确解的方法，并将其应用到涡流检测，适用于加载任意激励。

在涡流检测应用方面，叶戈罗夫（Egorov）将多频涡流检测的方法应用到合金材质的鉴定，可以抑制诸多因素干扰，提供可靠的分类结果。斯托特（Stott）基于脉冲涡流检测的方法实现了多层铝合金搭接接头的裂纹检测。阿琼（Arjun）对脉冲涡流探头进行了结构优化，提升了不锈钢表面缺陷检测的灵敏度。布哈拉（Bouchala）基于涡流检测技术对金属材质进行了非接触的电导率测量。

为满足更多测量需求，进一步提高检测效率和精度，涡流传感器探头正朝着阵列式和柔性的方向发展。艾布兰斯特（Abrantes）将阵列式感应线圈和激励线圈集成到一个平面，研制了一种用于缺陷检测的平面式阵列探头。史密斯（Smith）将阵列霍尔传感器与涡流探头线圈相结合，用于大面积快速缺陷扫描。拉瓦特（Ravat）和波斯拖拉凯（Postolache）等人在阵列涡流传感器应用方面也取得了相关的成果。

（三）国内研究现状

国内关于涡流检测的相关分析和研究虽然起步比较晚，但经过长时间的发展，也取得了很多成果。在涡流传感器的商业领域，国内产品的测量精度和稳定性上比国外公司产品要差一些，但已经有越来越多的企业和研发机构涉足这一领域，生产出了可供工业检测使用的涡流传感器，如上海欧丹、上海航振、厦门爱德森等。在涡流检测机理方面，电子科技大学的于亚婷等人做了比较多的相关研究，分析了线圈形状及其尺寸参数对传感器性能的影响规律，对传感器的设计起到一定的指导作用。从理论上推导了线圈阻抗的计算方法，并对变压器型等效电路的适用性加以探讨。通过分析可知，变压器型等效电路只适用于非铁磁材料，主要原因是铁磁性材料与非铁磁性材料的磁导率相差很大，在测量时的工作机理不一样。非铁磁性材料主要考虑涡流效应，而铁磁性材料则主要考虑分子磁畴的磁化作用。为排除不同被测元件的材料属性对涡流测量的影响，基于相敏检波原理对线圈阻抗的实虚部进行分离，利用向量投影就可以抵消不同材料属性对位移测量的影响。

中国矿业大学范孟豹等人利用电磁场的折反射理论对探头线圈阻抗的解析模型进行了研究，并对阻抗信号分解技术做了相关研究，还针对脉冲涡流应用进行了瞬态时域的模型研究。

在涡流无损检测应用方面，中国科学技术大学王洪波等人对涡流传感器的温漂特性进行了分析和研究，提出了相应的温度补偿措施，制作了可以在极端温度下稳定工作的高精度涡流传感器。关于多频涡流技术的研究，国防科学技术大学的高军哲等人对其进行了建模分析，提出了抑制提离高度干扰的方法，对谱分析及缺陷分类等技术展开了探究，并将其应用到金属管道的缺陷检测。在多层导电结构的涡流探伤方面，浙江大学的黄平捷等人在线圈阻抗解析建模、干扰抑制、深层缺陷检测等方面做了比较多的研究。

应用于特殊场合的新型涡流传感器的分析和研制一直都是研究热点。空军工程大学丁华等人设计了一种花萼状的涡流传感器，主要用途是面向飞机金属结构的疲劳监测，并推导了其解析模型。清华大学胡颖等人设计了基于柔性线圈的传感器探头，并以此为基础进行了阵列测量应用分析。空军工程大学的施越红等人设计了以矩形线圈为探头的柔性涡流阵列传感器，并将其应用于裂纹检测。空军工程大学的杜金强等人对阵列涡流传感器进行裂纹检测时的互扰影响进行了分析。

二、涡流传感器基本工作原理

涡流传感器进行位移测量的基本工作原理是电磁感应定律。涡流传感器自身结构由探头线圈和信号处理电路构成，而一套完整的涡流位移测量系统则是由涡流传感器和被测目标（金属导体或导电复合材料）共同组成的。传感器进行测量时，探头线圈通入高频交流电 I_1，进而激发出主磁场 H_1。由电磁感应原理可知，交变磁场会产生交变电场，故被测导体表层会感生出涡流 I_2。感生涡流又会产生二次反向磁场 H_2，两个磁场的耦合作用会导致线圈所通过的磁通量减小，因此，线圈等效电感会减小。由于感生涡流在被测体表层的流动会产生能量损耗，而这部分能量又都来源于一次线圈，故线圈等效电阻会变大。

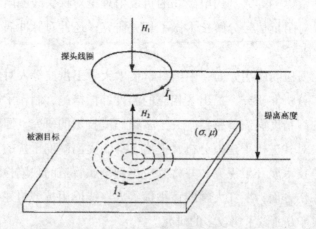

图 1-8   涡流传感器工作原理（图片来源：《物流传感器位移测量精度影响因素研究》）

需要指出的是，涡流传感器的线圈阻抗不仅会受到提离高度 x（待测距离）的影响，也会受到被测材料的电导率 σ 和磁导率 μ 以及激励电流的频率 f 的影响。因此，探头线圈阻抗 Z 可以表示成如下形式：

$$z = F(x, \mu, \sigma, f) \tag{1-13}$$

为了实现涡流位移测量，需要将不相关的影响因素进行排除。当待测件的电导率 σ 和磁导率 μ 以及激励频率 f 固定时，传感器的线圈阻抗为关于测量位移 x 的一元函数，可以写成如下形式：

$$Z = R(x) + j\omega L(x) \tag{1-14}$$

在涡流位移测量应用中，待测位移一般用"提离高度"表示，为了表述方便，下面统一用提离高度来表示。由式（1-14）可知，通过线圈阻抗的变化就可以实现提离高度的测量，这也是目前涡流位移传感器广泛采用的阻抗分析法的理论根据。另外，涡流检测的工业应用不仅局限于位移测量，也广泛应用于材质鉴别、电导率测量、金属缺陷检测、涂层测厚等领域。不同应用背景下，传感器线圈的阻抗均满足式（1-13），可以通过约束变量的方式将待测参量以外的其余参量保持不变，从而实现对待测参量的测量。

传感器线圈等效阻抗的变化需要通过后续处理才能转化成模拟电压的输出，而信号处理电路的形式主要有调幅式和调频式，目前市场产品中应用比较广泛的是定频调幅式电路，如下图所示。整个测量电路的工作频率是固定的，该频率由振荡器提供，而线圈等效电感与外置电容构成 LC 谐振回路。提离高度一旦发生变化，线圈电感随之改变，继而 LC 谐振电路的输出电压就会改变。经过信号的放大、峰值检波和滤波处理，就可以转化为传感器的输出电压。

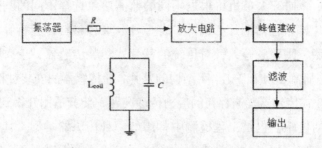

图1-9　定频调幅电路（图片来源：《物流传感器位移测量精度影响因素研究》）

第五节　光纤光栅传感器

一、光纤光栅传感器的国内外研究进展

随着光纤光栅的不断普及，各类光纤光栅传感器应运而生，并逐渐成为各监测领域的主要监测手段。在过去的十几年间，传感器的研发工作取得了很大的进展，各种形式的应力、位移传感器层出不穷。

（一）光纤光栅应力应变传感器

光纤光栅应变传感器经过十几年的发展，在工程实际中已经得到了大量的应用。由于裸光栅的中心波长就是与自身应变相关的函数，在测试环境允许的情况下，研究人员常将裸光纤直接作为传感元件，埋入到结构内部或粘贴在结构表面，直接获取结构的应变。然而，由于裸光纤的抗剪能力较差，在复杂的现场条件下容易发生断裂，损伤等情况，因此在实际工程应用中，一般采用对裸光纤施加以封装的方式保护内部光栅的完好。目前常用的封装方式可分为基片式封装、管式封装、夹持式封装、悬臂梁封装几种形式。

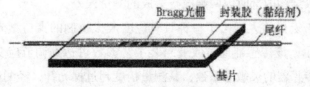

图1-10 基片式封装光纤光栅传感器

（图片来源：《基于光纤光栅测试技术的新型路用应力及层间位移传感器开发》）

　　基片式封装的传感器主要用于粘贴在被测结构的表面，其安装迅速，使用方便，如上图所示，研究人员也可根据不同的监测对象选择不同的基片材料和黏结剂，常见的基片材料包括铜片、铝片、合金片、聚合材料、塑料等，常见的黏结剂包括环氧树脂、陶瓷胶等，针对传统的基片式封装传感器，于秀娟等人进行了进一步的改进，研制出具有"工"字结构的基片，使传感器的安装过程进一步简化。然而，由于基片式传感器普遍存在的应力传递问题，使其适用性得到一定限制。

　　管式封装的传感器也是工程检测中常用的一种传感器类型。其布设简单，可靠性强，成活率高，加工方便且重复性较好。王达达等人研制了一种自锁式的管式应变传感器，如下图所示，将光纤光栅通过限位堵头内的环氧树脂固定于不锈钢管内，实现了应变传感器两端恺装光缆与传感器自身的可靠连接，同时提高了传感器在实际工程中的抗拉拽能力。项连清、李宏男等人则采用 12mm 的不锈钢毛细管作为封装管，使用环氧树脂作为黏结剂进行光纤光栅的封装，并通过特殊手段对裸光纤光栅进行预处理，从而消除了光纤光栅在封装过程中产生的多峰现象。李剑芝，杜彦良等人设计了一种采用在线成型工艺的光纤光栅温度自补偿应变传感器，解决了管式传感器的应变增敏、黏结层老化等问题，实现了良好的温度补偿和应变增敏效果。

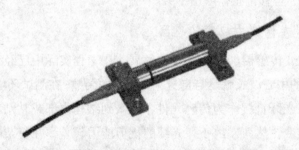

图 1-11　自锁式管式封装光纤光栅传感器（图片来源：网络）

　　夹持式封装的传感器其实质也是管式封装，只不过在封装管的两端增加了固定的夹持片。夹持片的存在可以将传感器两端受力传递到中间的敏感结构上，减小传感器埋入结构内部时因两端脱空造成的测量误差。

　　任亮、李宏男等人提出了一种具有应变放大机制的夹持型光纤光栅传感器，如图下图所示，该传感器通过改变封装工艺参数可达到调节应变传递率的目的，大大提高了传感器的灵敏度系数，其测量精度超过裸光纤，经测试可达 $0.5\mu\varepsilon$。

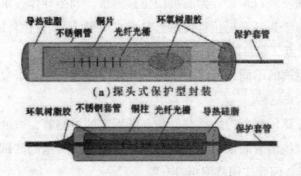

图 1-12 夹持式封装光纤光栅传感器（图片来源：网络）

悬臂梁式封装的应力传感器普遍将悬臂梁作为传感器的测试探头，通过在悬臂梁上粘贴光纤光栅，根据光纤光栅的波长偏移量推算悬臂梁的端部挠度，进而计算得到悬臂梁端部所受的应力值大小。兰玉文、刘波等人提出了一种基于圆柱结构的三维应力传感器，如下图所示。该传感器将三个光纤布拉格光栅粘贴在圆柱体体探头上，将圆柱体视为等悬臂梁，利用材料力学理论对圆柱体在受力情况下进行推导分析，可算出任意方向上的应力大小其试验误差控制在 1.58% 以内。李健萍则提出了一种基于悬臂梁的应力传感器，将光栅通过预应力的方式粘贴在悬臂梁的两端，可以在实现温度补偿的同时，遏制光栅的啁啾变化，其测量分辨率可达 0.004nm。

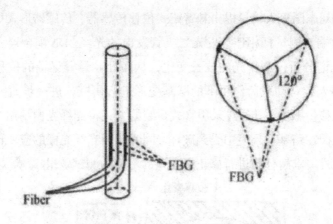

图 1-13 悬臂梁式封装光纤光栅传感器（图片来源：网络）

（二）光纤光栅位移传感器

位移也是土木工程监测领域需要经常监测的物理量。位移监测技术也随着科技的进步而不断发展，从最开始的机械位移测量，到半导体技术，再到光纤光栅位移传感器。由于光纤光栅位移传感器具有抗电磁干扰、抗腐蚀、耐久性好、重复性高等诸多优点，是目前土木工程检测领域的主流选择。

根据测试原理的不同，目前主流的光纤光栅位移传感器可被分为悬臂梁式、简支梁式、轴压式三种。

悬臂梁式位移传感器的敏感部件是一端固定的检测管，通过将光纤光栅用胶结的方式布设到检测管表面，实现对检测管自由端位移量的测试，由于该类传感器布设相对困难，因此应用范围相对有限。

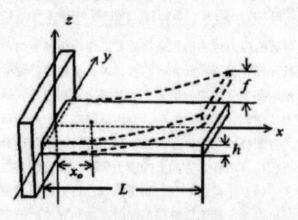

图 1-14　悬臂梁式光纤光栅位移传感器（图片来源：网络）

关柏鸥、刘志国等人较早提出悬臂梁式位移传感器，传感器形式如上图所示。悬臂梁的自由端与测量杆相连，发光二极管发出的光经 3Db 耦合器入射到光纤光栅，在经过光谱分析仪测得光的波长变化，从而计算悬臂梁端的位移大小。程有坤、蒙上九等人针对动载荷作用下的路基变形进行研究，进一步研究了悬臂梁式的光纤光栅位移传感器。其通过采用管式封装的方式将光纤光栅粘贴在塑料管上，可防止光纤光栅在路基土环境中受到破坏。同时针对光纤光栅的应变传递率问题，通过引入系数月对求解公式进行修正，实现的不错的测试效果。

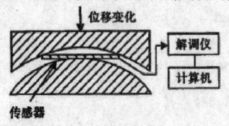

图 1-15　简支梁式光纤光栅位移传感器（图片来源：网络）

简支梁式传感器一般应用于特殊条件下的位移监测，应用场景较为有限。关柏鸥等人为了研究两球面之间的间隙变化，设计了悬臂梁式位移传感器，如上图所示。通过将粘贴有光纤光栅的薄钢片放置在被测球面，可以测量光纤光栅在两球面间距变化时产生的波长移动，进而标定计算出不同漂移量对应的位移。

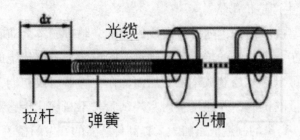

图 1-16　轴压式光纤光栅位移传感器（图片来源：网络）

轴压式位移传感器是目前位移传感器的主要形式。其典型结构形式如上图所示。轴压式传感器测量的位移值为拉杆处至光纤光栅所在点之间的轴向位移，因为可靠性高，布设简便，在工程监测领域得到了广泛应用。

刘优平等人采用基康公司生产的位移传感器对尾矿坝坝体进行了检测。为了使传感器与坝体松散材料可以协调变形，还在该传感器的一端设置了一个大直径卯头，用以保证光纤光栅位移传感器的竖直位置不发生改变，以免影响检测结果的准确性。田晓丹、张会新等人则基于三角形悬臂梁结构设计了一种带有温度自补偿的光纤位移传感器。传动杆产生的位移可以压缩与其相连的弹簧管，弹簧管压缩产生的轴向压力作用于传感器内部的悬臂梁，使悬臂梁发生弯曲，进而改变粘贴在悬臂梁上下两端的光纤光栅的反射中心波长。由于布设了双光栅，该传感器还可以达到温度自补偿的效果。

二、FBG 位移传感器设计及优化

（一）传感器制作工艺

1. 传统传感器成型技术

在开发传感器的过程中，将设计好的传感器实现是设计人员面临的一大问题。传统的产品成型工艺包括铸造、塑性加工、焊接、CNC 车床加工等，通常而言，传统的成型技术在传感器开发方面具有以下不足：

（1）加工周期长

传统的成型技术在设计完成后，需要将所涉及的三维设计图首先转化为二维平面图，再交给专业的工厂进行制作。整个过程需要双方技术人员频繁的沟通，以将设计意图全部传达给工厂，这不仅涉及技术保密的问题，而且整个过程费时费力，大量的时间被用在了等待上面，且往往最终得到的产品还与设计初衷有所偏差，不利于传感器的初期开发。

（2）小批量生产造价昂贵

对于传统成型技术而言，随着生产线的完善，制造成本会随着产量的增加而不断下降，因此在一个成熟的传感器达到量产阶段后，采用传统成型技术进行流水线式的生产是可以有效控制成本的。然而，在传感器研发初期，往往需要针对传感器进行小批量的试制，并通过室内室外试验来不断优化传感器的设计，若采用传统成型技术，高昂的制造成本将大大提高传感器的开发门槛。

（3）难以加工复杂外形传感器

针对传统的成型技术，以车床加工为例，需要根据结构图，提前设计一套加工流程，而且许多非标准形状加工起来极其困难（如椭圆、不规则表面等），而迫使设计人员不得不放弃一些原本很好的设计，且要求设计者具有一定的成型经验，从而在设计中规避一些实现起来比较困难的方案，这无疑大大提高了传感器开发的门槛，同时也限制了许多非常有实用价值的设计。

（4）加工精度受限

传统成型技术的加工精度受限于不同加工方式。其中加工精度比较高的，如CNC数控机床，国内领先技术可达到0.01mm，而世界领先技术可达到0.0001mm，这样的精度是可以用于制作传感器的，但其造价过于昂贵，特别是进行小批量的试制。而价格较为低廉的传统机床，精度依操作人员水平、设备情况而有很大差异，难以定量分析，这对于传感器初期的研究，特别是结合起和尺寸关联性极大的有限元模拟等室内试验，是十分不利的。因此，利用传统成型技术进行传感器的加工，无疑会给研发者带来很大的不便。

2. 3D打印技术

近年来，3D打印技术的发展为传感器的制造提供了新的思路。3D打印技术是一项革命性的技术，其思想起源于19世纪末，美国的一项分层构造地貌地形图的专利，随后在美国迅速发展。我国则在20世纪90年代初开始3D打印技术的研发，其中以华中科技大学的LOM、SLS装备，西安交通大学的SL装备和北京航空航天大学的激光快速成型装备最具代表性。

首先，与传统的加工方式相比，3D打印通过使用特制的设备将材料一层层地喷涂或熔结到三维空间中，逐层完成对象的制作，极大地降低了制造的复杂程度。首先突破了传统制造技术在形状复杂性方面的技术瓶颈，能快速制造出传统工艺难以加工的复杂形状和结构特征。而传感器为了实现对特殊物理量的测量，通常具有较为复杂的结构，若采用传统加工制造代价高昂，甚至难以实现。而3D打印技术则可以实现任意形状的制作，使得在进行传感器的设计时，完全不必考虑制造能力的限制，从而使得一些特殊的设计在传感器制造领域成为可能。

其次，3D打印技术的制作周期短，跳过了传统模具设计和机械加工制造等复杂环节，对于常规尺寸的传感器，从设计完成到打印出来通常仅需要几个小时的时间，同时打印过程安静、清洁，占地面积小，不需要复杂的生产线，降低了生产成本，特别是在传感器设计初期，由于方案的不确定性，利用3D打印技术进行传感器的初步试验，一方面可以真实的探究传感器设计的可行性，一方面制作周期短，大大提高了传感器的研发效率。

再次，3D打印技术可选的打印材料丰富。目前，3D打印材料主要包括塑料、树脂、橡胶、金属和陶瓷等。其中的某些材料，有着优异的物理特性，但因为加工困难导致制作成本过高，从而无法在传感器领域得到应用，例如陶瓷材料、橡胶材料等。利用3D打印技术，可以大大丰富传感器制作材料的选择，例如针对高应力水平的结构可选用高模量材料进行传感器的打印以确保其成活率，对于低应力水平的结构可以选用低模量材料以确保测试精度的要求。

从次，3D打印技术成本低廉，由于3D打印技术无需对材料进行处理，而是直接将材料一层层的堆积形成实物，大大减少了材料的浪费，简化了制作流程，降低了制作成本。而传统的加工技术，特别是传感器研发初期进行小批量试制时，由于没有形成生产规模，其制作成本十分高昂，大大提高了传感器开发的资金门槛，不利于本领域普通工程技术人员的研究。

最后，3D打印技术精度可满足制作一般传感器的要求。通常而言，针对不同的3D打印材料，由于本身的材质特性及不同的打印原理，其打印精度会有所不同。如常见的PLA塑料，打印精度一般可达0.2mm，而光敏树脂、尼龙、不锈钢等材质可达到0.1mm，超高精度树脂甚至可以达到0.015mm的打印精度，对比传统的车床加工，优势明显。同时可以根据传感器尺寸、元器件的精度要求选择不同精度的打印方式，从而在满足设计需求的前提下，尽可能降低成本。

（二）FBG 层间位移传感器的设计及制作过程

1. 层间位移传感器设计

有学者针对目前道路工程领域在应力监测方面遇到的问题，设计并制作了一可以埋设于路面结构内部的层间位移传感器，设计如下图所示。

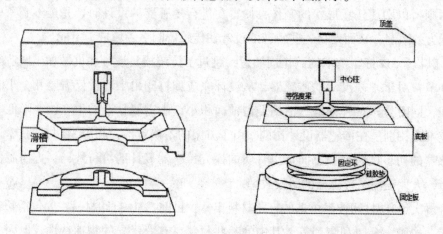

图 1-17　位移传感器设计图——传感器斜视图　　图 1-18　位移传感器设计图——传感器剖视图

　　　　（图片来源：网络）　　　　　　　　　　　　　　（图片来源：网络）

有资料显示，沥青路面层间位移量在达到 1.6mm 左右时，路面结构破坏，因此位移传感器量程设计为 10mm，可以在结构破坏后仍可继续测试一段时间。

这个传感器由顶盖、底板、中心柱、固定环、硅胶垫、固定板、等强度梁、光纤光栅。所述的顶盖与底板通过中心柱相互连接，从而确保两者间仅能产生切向位移，不会互相分开。其中顶盖为中间带孔的长方体，中孔大小与中心柱顶端尺寸相符，从而使两者可以连接紧密。顶盖的尺寸可根据现场实测需求进行调整，例如针对一些层间滑移病害严重的路段，可选用较大尺寸的顶盖，以满足大量程测试的需求，反之亦然。此外，顶盖的材料也可根据所测结构的模量，内部应力水平等因素而选择，例如当传感器埋设较浅，车辆荷载较大而导致传感器所在处的应力较大时，可选用高模量、大厚度的顶盖进行封装，反之亦然。如若考虑协调变形的影响，则根据不同的路面结构类型，可选用不同模量的顶盖材料进行传感器的制作，以确保测试数据的有效性。

中心柱为中间带有四个方向小孔的立方体，其中上半部分与顶盖相连，下半部分与固定块相连，以保持顶盖与底板的相互位置，并使其在水平向可以自由活动。固定环与中心柱之间夹持有等强度梁，在传感器制作完成后，等强度梁、中心柱、顶盖、固定环四者间为固定不可活动的结构，即顶盖与底板产生相对位移后，顶盖会连带中心柱及等强度梁在底板上的滑槽进行滑动。此外，中心柱中间部分设有四个方向的弧形小孔，可以将粘贴在等强度梁上的四根光纤光栅从小孔导出，小孔的直径可根据光纤的尺寸进行设计。

底板为方形结构，底部设有小孔，小孔直径小于固定环的直径，以免固定环从小孔中脱出致使顶盖与底板发生分离。底板中间设有滑槽，可供等强度梁在其上进行滑动，根据等强度梁的材料不同，滑槽可选用不同硬度的材料，或在滑槽表面粘贴一层硬质材料，由于等强度梁硬度较高，设计人员而选择在滑槽表面粘贴了薄玻璃片，以免等强度梁的尖端划伤滑槽，同时也可以减小两者间的摩擦阻力。

等强度梁共有四个方向，中间设有方形孔以便与中心柱及固定环固定，并且使三者间不会发生旋转。这里的等强度梁截面形式为矩形，厚度不变，梁的宽度线性增大。考虑到耐久性的需求，等强度梁的材质通常应选用韧性较好的材质，这里采用的是弹簧钢，采用等强度梁的最终目的是使悬臂梁上各点的应变相等。

固定环为圆盘结构，中间设有方孔，可以与中心柱底部相连，以固定等强度梁。其直径应大于底板上圆孔的直径，同时与底板底部边缘的距离应大于传感器的量程。硅胶垫位于固定环与底板之间，目的是限制底板与顶盖之间的旋转，同时在位移产生后可以使传感器回复原位。需要指出的是，硅胶垫也可由其他结构进行替代，例如其他材质的软垫，甚至是沿径向分布的若干弹簧，都可以实现类似的效果。

（1）传感器测试原理

该传感器主要由上下两部分组成，两部分由固定片固定到一起，固定后的传感器可以沿水平任意方向滑动。进行层间位移的测试时，将传感器埋设于路面结构层间交界处，一旦路面结构层间发生了位移，会造成传感器顶盖与底板间的相对滑动，使固定在顶板上的等强度梁在底板上的滑槽上滑动，从而使等强度梁产生变形，通过粘贴在等强度梁上光纤光栅的波长改变量，可以计算出等强度梁的端部挠度，再通过几何关系即可得到路面结构沿某一方向的位移量。该传感器内共有4个相互垂直的等强度梁，可以测量四个方向的层间位移量，分别计算出各个方向上的位移后将其进行矢量叠加，就可以确切地测得层间相对位移的大小和方向。

（2）悬臂梁形式选择

由传感器的测试原理可知，该位移传感器的核心部件是位于中间的弹性梁，如果采用普通的等截面梁，在末端受集中力的作用下，梁表面的应变会沿轴向不断变化，这会造成粘贴在悬臂梁上光纤光栅的间距产生不均匀变化易造成传感器波长的多峰现象，从而无法完成信号的识别。因此，位移传感器中的弹片应选用等强度梁，从而确保光纤光栅各处应变值相同。

（3）等强度梁材料选择及尺寸设计

位移传感器要求测试弹片拥有较高的灵敏度，在对比了几种常见的材料，包括铝合金、钢、环氧树脂、高分子材料等，最终结合成本及传感器耐用性考虑，选用65MN弹簧钢作为传感器内部灵敏结构的制作材料。弹簧钢有良好的弹性，可以满足等强度梁的变形需求；同时具有高的屈服强度，保证在工作过程中始终处于弹性状态；较高的疲劳强度，可以使传感器在长期工作中不致产生疲劳破坏。在各种弹性钢中，65MN弹簧钢碳含量较小，塑性、韧性较其他弹簧钢好。

设计中等强度梁材料确定为65MN弹簧钢，其弹性模量 $E = 1.986 \times 105MPa$，剪切模量 $G = 78600\text{-}80670MPa$，泊松比 $u = E/2G - 1$，最大允许弯拉应力为980MPa，屈服强度 $\sigma s \geq 690MPa$，伸长率 $\delta 5 \geq 14$。

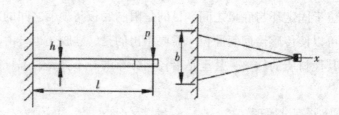

图1-19　等强度梁受力示意图（图片来源：网络）

等强度梁是悬臂梁式，如上图所示，当悬臂梁上加一个载荷 p 时，由力学公式可推导出距加载点 x 的断面上弯矩为相应断面上的最大应力为：

$$M_x = px \tag{1-15}$$

对应断面上的最大应力为：

$$\sigma = px/W \tag{1-16}$$

则有

$$\sigma = \frac{px}{b_x h^2/6} = \frac{6px}{b_x h^2} \tag{1-17}$$

式中：W——抗弯断面模量。

　　　　b_x——宽度。

h——等强度梁厚度。

根据等强度梁自身特性，即在端部施加一集中力 P 后，各个断面在该力的作用下应力相等。根据上式，在等强度梁厚度 h 不变的情况下，其宽度 b_x 应随 x 增大而线性增大，才能保证应力不变，因此本文中的等强度梁可设计为厚度不变的等腰三角形，最终的设计结果如下图所示：

图 1-20　等强度梁最终设计图

（图片来源：《基于光纤光栅测试技术的新型路用应力及层间位移传感器开发》）

2. 位移传感器制作

根据设计原理图，首先利用 3D 打印技术将各组件打印出来，其打印采用北京易速普瑞科技股份有限公司提供的云 3D 打印技术。打印材料选择为进口光敏树脂，而等强度梁则选用 65MN 弹簧钢制作，其弹性模量 $E = 1.986 \times l05MPa$，剪切模量 $G = 78600 - 80670MPa$，泊松比 $u = E/2G - 1$，最大允许弯拉应力为 $980MPa$，屈服强度 $\sigma s \geq 690MPa$，伸长率 $\sigma 5 \geq 14$。传感器外部线缆保护采用长度为 2m 的蓝色恺装线，接头为 APC 类型接头，接口利用光纤熔接机进行熔接，并使用空心铁管进行保护。

制作过程中涉及各组件的粘接，粘接关键组件所采用的结构胶为 EPOXY ADHESIVE 公司生产的 6005 高强度结构胶，其初步固化时间为 5min，完全固化时间为 72h。耐温 - 40℃ ~ 80℃。针对一些普通组件，如玻璃盖板、固定块等的黏结，则采用固化时间更短的瑞士 ergo 公司生产的 5400 结构胶，其固化时间为 20 ~ 40s，耐温 - 30℃ ~ 80℃摄氏度，黏稠度 25mpas，同样可以满足本传感器的制作要求。在完成各组件的准备工作后，即可开始进行传感器的制作。

（1）打磨等强度梁. 由于定制的等强度梁边角不够光滑，导致其在滑槽上滑动时十分困难，因此需要对等强度梁的边角进行初步打磨，以减小其滑动时的阻力。

（2）在滑槽上粘贴玻璃片。由于等强度梁使用弹簧钢制作，其硬度明显高于滑槽，而由于传感器的工作原理，等强度梁需要长期反复在滑槽上滑动，因此需要在滑槽上粘贴硬度更高的材料来避免滑槽在长期滑动摩擦下产生划痕，从而造成传感器测试结果的失真。此处选用的材料为0.02mm的玻璃片，利用玻璃刀将其切割成制定尺寸，再粘贴在滑槽上。

（3）将光纤光栅从中心柱穿出，并粘贴在等强度梁上。粘贴时要注意粘贴厚度应保持均匀，避免对原有等强度梁造成过大的结构改变。同时要注意尽量避免光纤光栅处的封装胶出现气泡，否则易造成传感器的多峰现象。

（4）将顶盖与底板组装在一起，在下方利用固定环使两部分结合，从而限制顶盖与底板间只能做横向运动。之后再底板与固定环之间加装硅胶环，一方面可以顶盖与底板之间的旋转，另一方面可以帮助传感器在产生位移后自行到中心位置。

（5）对裸光纤进行封装，以提高其在恶劣情况下的耐久性，同时利用光纤熔接机连接光纤接头，以便于传感器与解调仪的连接。

第六节 电阻式传感器

传感器是能感受规定的被测量并按照一定的规律转换成可用输出信号的器件或装置. 按照传感器的工作原理不同，传感器可分为多个种类，有电阻式、电感式、电容法、压电式、磁电式、热电式等，其中电阻式传感器有位移式传感器、敏感电阻、应变片等。

随着物联网技术的推广和应用，对物理世界的感知需求越来越强烈，传感器将物理世界中的物理量、化学量、生物量转换成供处理的数字信号，从而为感知物理世界提供了最初的信号来源，感知对象诸如位移、压力、流量、温度、气体浓度、湿度等，传感器给物联网的应用带来了"隐形的翅膀"。下面以电阻式传感器为例，阐述其工作原理及其应用。

电阻式传感器类繁多，应用广泛，其基本原理就是将被测物理量的变化转换成电阻值的变化，再经相应的测量电路显示或记录被测量值的变化。常用的电阻式传感元件有电阻式位移传感器、可燃气体传感器以及电阻式应变片等。

一、电阻式位移传感器

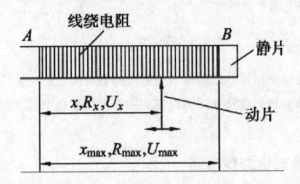

图 1-21 电位器式位移传感器原理图（图片来源：网络）

电阻式位移传感器的功能在于把直线机械位移量转换成电信号。电位器式位移传感器常用于测量几毫米到几十米的位移和几度到 360° 的角度，上图所示为电位器式位移传感器原理图。如果把它作为变阻器使用，假定全长为 x_{max} 的电位器其总电阻为 R_{max}，电阻沿长度的分布是均匀的，则当滑臂由 A 向 B 移动 x 后，A 点到电刷间的阻值为：

$$R_x = \frac{x}{x_{max}} R_{max} \qquad (1-18)$$

若把它作为分压器使用，且假定加在电位器 A、B 之间的电压为 U_{max}，则输出电压为：

$$U_x = \frac{x}{x_{max}} U_{max} \qquad (1-19)$$

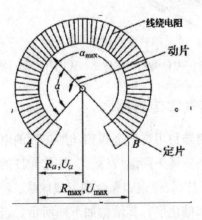

图 1-22 电位器式角度传感器（图片来源：网络）

根据电压的变化就可以测试出位移的变化。上图所示为电位器式角度传感器。作变阻器使用，则电阻与角度的关系为：

$$R_\alpha = \frac{\alpha}{\alpha_{max}} R_{max}$$

（1-20）

电阻式位移传感器用作分压器可最大限度降低对滑轨总阻值精确性的要求，用电阻式位移传感器进行位移测试可以克服因为温度变化引起阻值变化影响测量结果的缺点。

二、电位器式压力传感器

电位器式压力传感器如下图所示，弹性敏感元件膜盒的内腔，通入被测流体，在流体压力作用下，膜盒硬中心产生弹性位移，推动连杆上移，使曲柄轴带动电位器的电刷在电位器绕组上滑动，因而输出一个与被测压力成比例的电压信号，该电压信号可远距离传送，故可作为远程压力表。

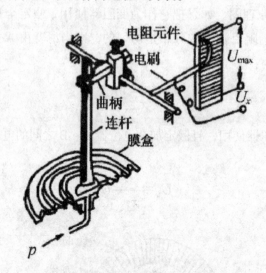

图 1-23　电位器式角度传感器（图片来源：网络）

三、电阻型可燃气体传感器

催化型可燃气体检测是利用难熔金属铂丝加热后的电阻变化来测定可燃气体浓度的。催化燃烧式传感器属于高温传感器，催化元件的检测元件是在铂丝线圈（$\phi 0.025 \sim \phi 0.05$）上包以氧化铝和黏合剂形成球状，经烧结而成的，其外表面敷有铂、钯等稀有金属的催化层，其结构如下图所示。当含有可燃气体的混合气体扩散到检测元件上时，迅速进行无焰燃烧，并产生反应热，使热 Pt 丝电阻值增大，电桥输出一个变化的电压信号，这个电压信号与可燃气体的浓度成正比。

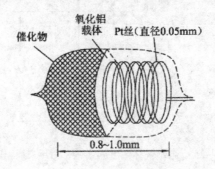

图 1-24　电阻型可燃气体传感器结构图（图片来源：网络）

在实际应用中常采用惠斯顿电桥测量可燃气体浓度，如下图所示。电桥中 R_x 是检测元件，R_0 为补偿元件或者称为参考元件，补偿元件 R_0 与催化元件相比只缺少催化剂层，也就是说 R_0 遇到可燃气体不能燃烧。正常情况下，电桥是平衡的，$U_1 = U_2$，U_0 输出为 0，如果有可燃气体存在，它的氧化过程会使测量桥被加热，温度增加，而此时参考元件温度不变，电路会测出它们之间的电阻变化，$U_2 > U_1$，式（1-23）中输出的电压 U_0 同待测气体的浓度成正比。当空气中有一定浓度的可燃气体时，检测元件 Rx 由于燃烧而电阻值上升，导致电桥失去平衡，电压 U_0 输出和气体浓度成正比，因此 U_0 起到检测气体浓度的作用。

催化型燃气体传感器的优点是：选择性好、反应准确、稳定性好、能够定量检测、不易产生误报。

$$\frac{R_x}{R_x+R_0}U_i-\frac{1}{2}U_i=U_0 \qquad （1-21）$$

$$U_0=\frac{R_x-R_0}{2(R_x+R_0)}U_i \qquad （1-22）$$

$$U_0=\frac{\dfrac{R_x}{R_0}-1}{2\left(\dfrac{R_x}{R_0}+1\right)}U_i \qquad （1-23）$$

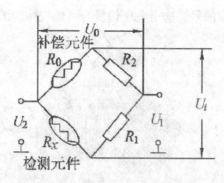

图 1-25   可燃气体浓度的测量（图片来源：网络）

四、电阻式应力传感器

电阻式应变传感器的工作原理基于电阻应变效应，即导体在外界力的作用下产生机械变形（拉伸或压缩）时，其电阻值相应发生变化。根据制作材料的不同，应变元件可以分为金属和半导体两大类。如下图所示，一根金属电阻丝，在其未受力时，原始电阻值为：

$$R = \frac{pl}{A} \qquad\qquad (1\text{-}24)$$

当电阻丝受到拉力 F 作用时，沿轴向将伸长 $\Delta 1$，沿径向缩短 Δr，横截面积相应减小 ΔA，电阻率因材料晶格发生变形等因素影响而改变了 $\Delta \rho$，从而引起电阻值相对变化。

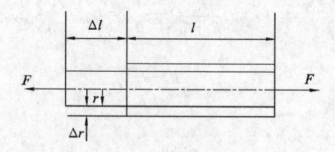

图 1-26   电阻丝电阻值测量（图片来源：网络）

将式（1-24）两边取对数（$ln\rho = l\,n + ln\iota - l\,n\,A$），代入 $A = \pi r^2$，再微分可得：

$$\frac{dR}{R}=\frac{d\rho}{\rho}+\frac{dl}{l}-\frac{2dr}{r} \qquad (1-25)$$

用相对变化量表示则有：

$$\frac{\Delta R}{R}=\frac{\Delta\rho}{\rho}+\frac{\Delta l}{l}-\frac{2\Delta r}{r} \qquad (1-26)$$

纵向应变力定义为：

$$\varepsilon=\frac{\Delta l}{l} \qquad (1-27)$$

径向应变力定义为：

$$\varepsilon r=\frac{\Delta r}{r} \qquad (1-28)$$

$$\varepsilon r= -\mu\varepsilon \qquad (1-29)$$

其中，μ 为泊松系数，则（1-16）式可转换为：

$$\frac{\Delta R}{R}= (1+2\mu)\varepsilon+\frac{\Delta\rho}{\rho} \qquad (1-30)$$

$\Delta\rho/\rho$ 的值与半导体敏感元件在轴向所受的应变力有关，其关系为：

$$\frac{\Delta\rho}{\rho}=\lambda\cdot\sigma=\lambda\cdot E\cdot\varepsilon \qquad (1-31)$$

式中 λ 为半导体材料的压阻系数，σ 为半导体材料所受的应力，E 为半导体材料的弹性模量，ε 为半导体材料的应变。

$$\frac{\Delta R}{R}= (1+2\mu +\lambda E)\varepsilon \qquad (1-32)$$

对于金属电阻丝来说 λE 很小，所以

$$\frac{\Delta R}{R}\approx(1+2\mu)\varepsilon \qquad (1-33)$$

电阻应变片的应变系数（灵敏度）$K = 1 + 2\mu$，其物理意义是单位应所引起的电阻相对变化量，则 $\frac{\Delta R}{R}=K\varepsilon$，其应变灵敏系数

$$K=\frac{\Delta R / R}{\varepsilon}\approx 1+2\mu \qquad (1-34)$$

对半导体材料来说，$\dfrac{\Delta\rho/\rho}{\varepsilon}$ 值通常是 $1+2\mu$ 的上百倍，$1+2\mu$ 可以忽略，

即式（1-17）可做如下简化：

$$\frac{\Delta R}{R} \approx \frac{\Delta \rho}{\rho} \tag{1-35}$$

$$K = \lambda E \tag{1-36}$$

半导体材料的 K 值可达 60 ~ 180，半导体应变片的灵敏系数比金属丝式高，50 ~ 80 倍。

用应变片测量应变或应力时，在外力作用下，被测对象产生微小机械变形，应变片随之发生相同的变化，应变片电阻值也发生相应变化。当测得应变片电阻值变化量 ΔR 时，便可得到被测对象的应变值 ε。根据应力与应变的关系，得到应力值 σ 为：

$$\Sigma = E\varepsilon \tag{1-37}$$

由此可知，应力值 σ 正比于应变 ε，应变 ε 正比于电阻值的变化，所以应力 σ 正比于电阻值的变化，这就是利用应变片测量应变的基本原理。应变片在大坝、桥梁、航天飞机、船舶结构、发电设备等工程结构的应力测量中至今仍是应用最广泛和最有效的。如美国波音 767 飞机静力结构试验中就采用了 2000 多个电阻应变片和 1000 多个应变花来测量飞机结构大量部位的应变。

电位器传感器结构简单，价格低廉，性能稳定，能承受恶劣环境条件，输出功率大，一般不需要对输出信号放大就可以直接驱动伺服元件和显示仪表；其缺点是精度不高，动态响应较差，不适于测量快速变化量。

电阻式传感器除了上面提到的几种典型的传感器以外，还有以下几种：

第一，热电阻式传感器。导体的电阻率随着温度的变化而变化，可以进行温度测量。

第二，气敏电阻传感器。气敏电阻是利用气体的吸附而使半导体本身的电导率发生变化这一机理来检测瓦斯、CO 气体。

第三，湿敏电阻传感器。通过湿敏材料吸收空气中的水分而导致本身电阻值发生变化这一原理而制成的，可以进行空气湿度的检测。

第四，光敏电阻传感器。利用光照后电阻发生变化这一特点进行的，可以进行大棚素菜种植光照控制。

传感器有着巨大的市场及应用场合，它在各个行业的各种测试系统中执行了

无数的监测和控制功能，社会需求是传感器的强大动力。有关专家指出，传感器领域的主要技术将在现有基础上予以延伸和提高，各国将竞相加速新一代传感器的开发和产业化，竞争也将日益激烈，新技术的发展将重新定义未来的传感器市场。

第二章　光栅的制造及组件

第一节　光栅制造概述

一、光栅制造的基本概念

由于精密测量、自动定位、自动跟踪等技术的发展，作为仪器传感元件的计量光栅，需求量也越来越大，光栅的质量、精度直接影响着仪器的精度和光电转换性能，因此研究如何制造高精度、高分辨率、小型化的光栅元件，是当前光栅制造部门的重要课题，另外，如何达到低成本、高效率，高质量地制造光栅，也是制造部门的重要目标。

光栅的种类很多，用途各不相同。测长，测角，自动控制等方面应用的光栅节距较大，一般为每毫米 10 条，20 条，25 条，50 条，125 条等，而在光谱技术中应用的衍射光栅每毫米达 600 条、1 200 条甚至更高。计量光栅大部分使用黑白相间的振幅光栅，有时也使用相位光栅，为了消除偶次谐波，计量光栅的黑白比往往做成 1：1，即透光部分和不透光部分等宽。

各种光栅的节距相差很大，精度要求又不一样，因而制造方法也不相同。节距为每毫米 10 条～250 条左右的光栅，可采用刻划机刻划、投影光刻和照相复制等方法，而 600 条～3000 条的衍射光栅，则采用光栅刻划机刻划或全息法制造等。综上所述，制造方法是各种各样的，应按实际情况而采用恰当的工艺方法。

近年来为了提高刻划光栅的精度，在设法减小机床分度误差、刀架误差，提高工艺稳定性及线条质量等方面做了不少努力。由于刻划法效率低（以每小时刻 300 条为例，21600 条线的圆光栅需要刻 72 小时），同时，为了利用光学优生法的优点，发展了投影光刻法制造光栅元件。投影光刻法不仅提高了效率，而且使光栅的短周期误差得到平均；若要进一步提高光栅精度，可在机床上加装莫尔条纹系统或激光干涉系统。

衍射光栅是采用光波干涉控制的光栅刻划机制造的，从而减小了分度误差，使光栅质量大大提高；全息法作为刻划光栅的一个补充方法，能制造线条密、尺寸大的光栅。

二、刻划法制造光栅

（一）工具设备

毛坯：光栅的毛坯视用途不同而各不相同，选择毛坯尺寸应考虑来料方便、加工容易，且能达到使用要求。常用的光栅毛坯材料有金属、玻璃、塑料等，其中玻璃毛坯占很大的比重。

F_6 玻璃的膨胀系数为 10×10^{-7}，这个数值与钢的 11×10^{-7} 非常接近，因此适用于作精密测长仪器上的长光栅尺材料，但由于 F_6 玻璃较软，加工时易出道子和划伤，因此较少采用。K_9 玻璃价格便宜，加工性能较好，既可用做刻划的坯料，也可作为复制的坯料。普通玻璃（平板玻璃）近年来被广泛地作为光栅的坯料，特别是 1m 或 0.5m 的长光栅，因一般的光学玻璃坯料要达到这样的长度很困难。普通玻璃价格便宜且冷加工性能较好，因此不论长光栅或圆光栅均采用普通玻璃做坯料。近年来，我国悬浮法平板玻璃大量供应，由于该种玻璃的光洁度高、杂质少，已成为光栅毛坯的重要原材料。玻璃毛坯要求透明性好，气泡和条纹比较少。金属坯料有不锈钢、碳钢、冷轧钢带 2Cr13（宽度 21mm，厚度仅 0.2mm 的钢带），冷轧钢带不需再经抛光，而可以直接在上面刻制光栅。

刻划刀具：刻划刀具的材料有高速钢（$W_{18}Cr_4U$），合金工程钢（CrW_5），硬质合金 T_5K_{10} 等。由于光栅线条多，因此对刻刀的基本要求是硬度高和耐磨性好。高速钢刀子适合刻划较宽的线条，当线条较细诸如 0.01 ～ 0.03mm 时，其研磨性能及耐用性均较差，此时可采用硬质合金材料。硬质合金是粉末冶金制造的，刀具研磨时，要注意刀尖处有时会有粉末颗粒剥落下来。红宝石和白宝石刀具对于刻划 0.02 ～ 0.05mm 各种规格的线条耐磨性能很好，白宝石材料不能退火，一经退火，耐磨性就变差。

对于刻划线宽为 0.015 ～ 0.005mm 的光栅，一般采用金刚钻刻刀。金刚钻刀具的特点是硬度高，光洁度好，非常耐磨，但钻石价格昂贵，并要由专门的磨钻厂磨制。钻石刀的刀杆是黄铜棒，用铜焊法把钻石焊在铜棒上，然后在嵌有钻石粉的铸铁盘上研磨。铸铁盘一定要做到的平衡，以消除振动，金刚钻要用天然的，颗粒大小为 0.2 ～ 0.3 克拉为宜。

机床：刻划光栅的机床，除光栅刻划机、格栅刻划机外，一般还采用长刻机来刻划长光栅，圆刻机来刻划圆光栅。

（二）制造工艺

刻划法制造光栅可分为刻划—腐蚀法，刻划—镀铬法，镀铬—刻划—腐蚀法等，现将各种制造方法分述如下：

1．刻蜡—腐蚀法

刻蜡腐蚀制造光栅盘工艺简单，但腐蚀工艺有两大缺点，一是腐蚀液中的氢氟酸对人体影响较大；二是腐蚀时易出废品，且产品精度较低，因此目前用得较少。但因工艺简单，设备用得少，因而还有不少单位在用。刻蜡腐蚀法所使用的固体腊有很多配方，例如，蜂蜡 60%，地蜡 20%，虫蜡 20%。

蜂蜡需经过清洁处理，然后在 180℃温度下烧 200 小时，以改善蜂蜡的刻划性能。涂蜡一般采用热涂，温度约为 90～120℃，刻划后进行腐蚀，腐蚀液与所用的玻璃材料、线条宽度和腐蚀时的温度有关，如普通玻璃可采用下述配方：氢氟酸 1 份，硫酸 3 份，磷酸 6 份。腐蚀之后，应该用水冲洗干净，然后用生漆和炭黑或石墨填色。

2．刻蜡—镀铬法

由于刻蜡腐蚀有好多缺点，因此近年来普遍采用刻蜡—镀铬法。这种工艺制造的光栅线条质量好，黑度比较均匀，工艺稳定性较好，因此对刻划计量光栅而言，是一种较好的工艺，刻蜡—镀铬法的主要工序为：

（1）基片上蜡。要求蜡层对玻璃附着性能好，刻划线条时边缘很清晰。常用的蜡层为：80$^\#$真空封蜡 10g，溶于 100mL 苯中，2 份；乳香 10g，溶于 100mL 苯中，1 份。这种蜡层只需低温烘烤（100～120℃），历时 20min。也可用甲基紫作为蜡层。甲基紫的特点是颗粒细，刻划时边缘质量好，湿度在 50% 左右时效果较好，使用时将 5g 甲基紫溶于 100mL 酒精中。

（2）去蜡屑。在刻划区加上甘油，蜡屑即会漂浮在甘油层上。度盘刻完后，蜡屑漂浮于甘油层上，然后把整只盘子浸于清水之中，蜡屑便会从度盘上漂走。

（3）真空镀铬。镀铬过程中不应使刻槽变形。例如，钼舟上放入适量的铬粉（一次蒸发完为好），离子轰击电压在 1100～1400V，电流 50mA 左右，轰击时间 15～30min 之间；对铬粉进行预熔除气，注意预熔电流应逐步增加至 70～80A 之间，否则铬粉易溅出钼舟之外；当真空度升到 7×10^{-3}～2.7×10^{-3}（托）时，即可蒸发镀铬，这时电流控制在 80～100A 之间。

（4）去除蜡层。零件镀铬之后，要将镀在腊层上的铬和蜡一起去掉，方法是把零件泡在酒精中，蜡层连铬层会逐步地剥落下来，只留下镀在玻璃上的铬线条。

3. 镀铬—刻划—腐蚀法

先在玻璃上镀铬，然后在铬层上涂蜡，刻刀刻划蜡层，腐蚀铬层，这样得到的是暗背景上的亮线条。这种方法往往用在如下场合：光栅盘采用刻蜡—镀铬法，而指示光栅采用镀铬—腐蚀法。这样搭配所得到的莫尔条纹信号比较均匀，因为它克服了刻线不能随半径增大而加宽的缺点。

（1）蜡层：镀铬刻蜡的蜡层，常采用蜂蜡为主体的固体蜡，也可以采用以沥青、高真空封蜡为主的液体蜡。

（2）刻划：由于在铬件上刻划时刀子容易磨损，所以通常采用金刚钻刻刀，但落刀不能太重，否则金刚钻也会磨损。

（3）腐蚀：零件刻好后，浸在高锰酸钾和氢氧化钠的腐蚀液中，配方为：腐蚀液（高锰酸钾 8g、氢氧化钠 8g）加 100mL 水。

三、光刻法制造光栅

（一）光刻法制造光栅的含义

由于光栅线条多，采用刻划法制造花费时间太长，有时需要 30 ~ 50 小时，不但工作效率低，而且环境要求严格，因此提出了光刻的办法。光刻法有下述三个优点：第一，拍摄一块光栅仅需几十分钟或几个小时；第二，一条线可以多次曝光，从而对节距误差有平均作用；第三，可制作难于刻划的零件，如码盘。因此近几年来，光栅的投影光刻法发展很快。

光刻法可分为三种：一是接触曝光法。母板和零件接触后开始曝光，曝光后抬起母板，机床分度，再把母板放下接触曝光，因此是接触倍增光刻法；二是小间隙曝光法。母板和零件有一间隙，机床分度后，按一定指令曝光，因此，主轴可连续转动来进行曝光；三是投影光刻法。用镜头把母板成像在零件胶层上，这种系统对镜头质量要求较高，特别是畸变应尽可能小。

（二）投影法制造长光栅尺

为了提高光栅尺精度，在投影光刻中除采用一般机械定位之外，较多地采用了光栅定位或激光定位。

（三）投影法制造圆光栅

1．光电刻划中的定位基准

（1）原理

国外的光栅盘和码盘刻划机较多采用光栅—电子系统进行定位，而国内往往把光电技术和机械系统结合起来。对于后者，其基本要点是：分度定位由粗、精两步完成，粗定位采用机械方法，然后用光电方法校正机械误差，进行精定位，即光电控制系统只负责最后的微量误差校正，而一般的分度传动、间距调整、刻划动作等仍用传统的机械方法来完成。与一大套的电子学程序控制设备相比，这样做要简单得多，也可靠得多，但是粗、精两种定位之间必须有适当的配合，其要点是：第一，粗定位误差必须在光电校正范围之内，即机械分度误差必须小于基准光栅常数的一半，如果超出这个范围，光电校正不但不能提高精度，反而会引入严重的误差。第二，粗分度和精分度动作需要错开使用，即粗分度完毕后，才进行精分度校正，不然两者会产生干涉。

（2）莫尔条纹定位系统

在原有的刻机上加上一莫尔条纹定位系统，这套系统由光源、聚光镜、棱镜、动光栅、静光栅、条形透镜、光敏元件和电子系统组成。和主轴同心并同轴旋转的光栅叫作动光栅，上面再装一块光栅，也和主轴同心，但固定在基座上不动，故叫静光栅。动、静光栅的刻线数相同，刻线切于一直径很小的小圆，在平行光照明下，形成以主轴中心为圆心的随心圆环，当主轴转动时，动光栅每转过一条线，其莫尔条纹就扩张出一圈条纹。条形透镜的作用是把光栅产生的莫尔条纹聚焦于光敏元件上。两个条形透镜中心间距应为 1/2 条纹宽度，以得到相位差 180° 的两组正弦信号，由于条纹宽度取为 7.8mm，因此缝间距为 4mm。为了提高信号对比度，狭缝宽度采用 1/4 条纹宽度，即为 2mm。于是，当一只窗口位于条纹的亮带中心时，另一只窗口将处于条纹的暗带中心，使两路信号的相位之间相差 180°。这两路信号的差放输出反映了粗分度的状况，因而可作为精分度系统的工作指令，当差放输出为零时，伺服电机不动，如果粗分度不准确，分度尚未到达理想位置。

2．光刻装置

光刻头主要由光源、柱面镜、复印刀架、扇形母板等组成。用于接触光刻法的理想光源应是光的有效能量大，本身发热小的线光源。由于各种光刻胶具有不同的感光光谱峰值，因此必须根据光刻胶的灵敏光谱范围来选择光源。正胶的峰值波长通常在 3500 ~ 4500Å 之间，于是正胶零件可选用紫外线高压汞灯作为曝光光源，它在 3021 ~ 5461Å 区间内有较高的相对光谱发射，适用于正性光刻胶的感光特性，而且紫外线高压汞灯还有电源简单，使用方便等优点。但紫外线高压汞灯发热量较大，故必须进行冷却，冷却有水冷和风冷两种，经试验在圆刻机上用风冷比较合适。

四、衍射光栅和其他特殊光栅制造法

（一）格栅制造

在轮廓测定和应力测试中，往往需要使用格栅，即由相互成 90° 的栅线组成的光栅。长刻机改装后利用原来的丝杆分度系统分度，加上由八面体和平行光管组成的工件旋转定位系统可以刻划 600（mm^2）的格栅。

日本为了适应格栅生产的需要，已有格栅刻划机供应。以 RM—2005 型格栅刻划机为例，它采用氦氖激光干涉定位和气垫轴承，达到较高的定位精度。该刻机的工作台导轨采用花岗岩，导轨下面有四只轴承；气垫高度一般为 8 ~ 12μm，当压力为 1.5kg/cm² 时，气垫厚度为 8μm，当压力为 2.5kg/cm² 时，高度为 12μm，而导轨侧面共有四只空气轴承，其中两只为导向的空气轴承，另外两只为加力之用。由于采用花岗岩导轨和空气轴承，因此导轨精度高、重量很轻，并且可以采用空气弹性装置和防震橡皮等措施减小震动。

（二）衍射光栅复制

由于衍射光栅刻划十分费时，故实际使用都采用复制光栅，即刻出母光栅后再进行复制。例如，一次法复制工艺的流程为：

1. 清洁工作。母光栅的镀层是先镀铬再镀铝，以增加铝层对玻璃的结合力，先用二甲苯冲洗母光栅表面，然后放于恒温箱中，在 60℃ 下烘 15min 去水，最后用四氯化碳冲洗。复制毛坯清洁工作也须十分认真，可用重铬酸钾溶液冲洗，最后用酒精—乙醚冲洗。

2. 镀油和镀铝。将母光栅放在镀膜机蒸发室工作架上，并在两对电极上加上适当的硅油和纯铝片（99.99% 以上）；硅油是作为母光栅和复制件之间的分离层，厚度是油分子直径的数量级。通常采用扩散泵油，一般加 5mL 左右（蒸发源到光栅距离 200mm），在 10^{-4}（托）的真空度下镀制，油镀好后，继续抽真空，在 10^{-5}（托）时镀铝，这样得到的铝膜较好，厚度一般为 800 ~ 1000Å。

3. 黏结。黏结剂由双酚 618 环氧树脂 10 份，固化剂 2- 乙基，4- 甲基咪唑 1 份和 KH550，即 γ- 氨丙基三乙氧基硅烷 0.1 份组成，脱好后要充分搅拌，当温度同被黏结件一样时，把环氧树脂黏结剂滴在母光栅上，然后放上复制光栅毛坯，使胶液薄而均匀，放在恒温箱中校好水平的夹具中，为增加黏结牢固度，需适量加压 $50g/cm^2$。黏结后，在 60℃下保温 4 小时左右就能固化。

4. 分离修整。充分固化后的一对光栅，因多余胶液充满四周倒角边缘而牢固地结合在一起，分离前先应刮削掉倒角部分的环氧树脂，当彻底清除后，光栅即自行分开，有时由于分离层的油量太少或别的原因不能自行分离，就得借助机械法分离。分离开的复制光栅应镀上一层二氧化硅保护膜。

"一次法"复制光栅的优点是，分辨率可达理论分辨率的 70% 以上，复制周期短（只需一天左右），复制光栅的毛坯只要求 0.3 个光圈，允许表面有开口气泡和"道子"；还可以挑选母光栅上较好的区域来复制小的光栅，提高母光栅的利用率。

（三）全息光栅制造

全息法和刻划法制造光栅是相互补充的两种工艺。全息法制造光栅的主要优点是：摆脱了对精密机械的要求，不需要严格的恒温环境，全息光栅无鬼线，刻划频率可做得很高，能提供可见光到远紫外的光栅，特别适用于凹面光栅的制造，但全息法制造衍射光栅时，由于其槽形不易控制，因此控制闪耀的性能较差，效率也较低，因此全息法较适用于高密度光栅（刻划密度高困难较大）及凹面光栅的制造。

全息法制造光栅就是将双光束干涉所形成的干涉条纹记录在光敏层上，经过适当的化学处理，得到如经典光栅相似的等间距的平行线条。全息光栅的质量取决于这些线条的直线性，平行性及节距的准确度，而全息光栅的效率还取决于这些线条的槽形。

全息光栅虽然摆脱了刻划光栅的一些弱点，但在制造中也存在着不少困难，例如，激光频率如何稳定，激光管功率如何增大，还有光致抗蚀剂的频谱响应和涂布问题等。

（四）彩色光栅制造

近年来，由于光栅技术的发展，又提出了一种新的光栅——正交光栅，一开始人们提出用偏振物体来制造正交光栅，称为正交偏振光栅，这样明显可提高莫尔条纹的反差。然而由于偏振光栅制造上的困难，八十年代又提出了另一种正交光栅——彩色光栅。所谓彩色光栅，其栅线是按一定次序的彩色线条排列起来的，例如，红、绿、蓝的三色光栅则线条是红、绿、蓝的颜色依次排列起来的，又如二色光栅时则可采用红、绿二色，四色可采用红、绿、蓝、紫等。如果是正交彩色光栅，假定用一种颜色作为光源时，则除光源色通过外，其余就不能通过。例如，红、绿、蓝正交彩色光栅系统中，采用红光作光源时，除红光通过外，其余彩色线条部分就不能通过，采用绿色光源时，除绿光通过外，其他都不能通过。这种光栅称为正交三色光栅。

根据彩色光栅副产生的莫尔条纹可知，如果正交性能不十分好，在彩色条纹中将出现 9 个微观光分布区。

国外有关彩色光栅制造的有用资料较少，国内对此也尚属研究阶段。目前制造彩色光栅有两种方法；一种是用干涉系统来制造，另一种是拍摄法。现介绍拍摄法如下：

1. 模板制造

拍摄法用的模板是一块黑白光栅。彩色光栅的颜色数决定了黑白光栅的开口比，例如，两种彩色用开口比为 1/2 的光栅作模板，三种颜色则用开口比为 1/3 的光栅，四种颜色用开口比为 1/4 等，依次类推。模板尺寸根据彩色光栅尺寸和照相机拍摄时的缩小倍数而定。模板的线条要求边缘陡直光洁。

2. 拍摄装置

拍摄系统由光源、漫射屏、光栅模板、滤光片、相机、读数显微镜等组成。为了提高均匀性采取多只灯泡组成的光源组，并加上两只漫射屏，光栅面与相机光轴垂直。曝光一次后，模板需移动若干距离，因此需装于移动架上，滤光片用来滤光，拍摄红色栅线时，用红色滤光片，绿栅线用绿色滤光片……。相机在多次拍摄过程中不能震动，读数显微镜是观察底片平面上的栅线象是否清晰，以便进行调节。

3. 拍摄过程

拍摄过程以三色光栅为例，先放上红色滤光片，然后用读数显微镜把栅线象调节清楚，并用曝光表估测曝光的时间，然后启动相机的快门拍摄，接下去拍绿线，这时先把光栅母板移动 1/3 光栅节距，再换上绿色滤光片，这时软片不能移动，仍在同一张底片上进行曝光，最后拍摄蓝线。这样经过上述红、绿、蓝三次曝光，一张底片即告完成。若要再拍另外一张，可卷片后继续上述步骤。经过冲洗就可得到搭有彩色光栅的底片。

4. 拍摄中的几个问题

拍摄中常出现的问题是拍摄的光栅栅线往往有些重叠，即红、绿、蓝的边界线上有一小条重叠的线，原因可能是移动模板光栅稍稍过量，另一种可能是显影时彩色光栅的扩粗现象。

此外，光栅模板一定要黑白分明，黑的地方挡光性要好，因为一张彩色底片由三次曝光而成，如果挡光不好则造成不该曝光处也曝了光，从而使各色栅线重叠，严重影响光栅质量。拍摄过程中要消除散光，滤光片靠近镜头，并减少其他光的背景，以提高拍摄质量。采用这种方法尚存在的一个问题是只能用135和120彩色胶卷拍摄，这就限制了大尺寸彩色光栅的制造。

5. 彩色光栅的应用

彩色光栅可在照射型莫尔法中用作凹凸判定，使用方便。彩色光栅还可在光通信中作为一种耦合器件，因而国外光通信杂志上已有多篇论文研究它。相信随着科学技术的发展，彩色光栅的应用范围将会不断扩大。

第二节　基于莫尔条纹的光栅读数头与光栅光学系统

一、光栅读数头

以莫尔条纹信号形式反映主光栅位置变化并使其转换成电信号输出的装置称谓光栅发讯器，人们习惯上叫作"光栅读数头"。光栅读数头包括光栅副，光电接收元件，由光源和准直镜组成的照明系统，以及必要的光阑、接收狭缝、调整机构等。

读数头的形式很多，按其结构特点和使用场合的不同，一般可分为直读型、分光型、镜像型和金属反射型等；按其位移信息调制方式的不同，可分为幅度调制型（调幅）和相位调制型（调相）两种；从光学原理上讲，可分为读取频谱和读取图像两类，前者按夫琅和费衍射安排光路，后者则是菲涅尔衍射系统。

（一）幅度调制读数头

大多数光栅莫尔条纹测量系统是通过对莫尔条纹信号的幅度进行鉴别，间接获得相位变化求得主光栅的空间位移量大小，这类读数头叫作调幅读数头。调幅读数头有很多种，分别简介如下：

1. 直读型调幅读数头

直接在光栅副后面接收莫尔条纹信号的光路叫作直读型读数头，由于采用垂直入射照明方式，故也称垂直入射读数头。

（1）单相式读数头

此种读数头的光路如图 2-1 所示，平行光束垂直入射到主光栅上，硅光电池接近指示光栅并直接接收莫尔条纹信号。单相读数头适用于光闸式莫尔条纹。光栅副间隙 t 按（$N-1$）P^2/λ 确定，对于每毫米 50～100 线的黑白细光栅，取 $N=2$，即（$2-1=1$）一次条纹；少于每毫米 25 线的黑白粗光栅，因衍射效应不明显，间隙 t 以不擦坏光栅为原则进行调整。

（2）四相式读数头

这是最常用的直读型调幅读数头。四相形式有四裂相指示光栅和四裂相光电池两种，后者不太适合栅距 P 小于 0.01mm 的细光栅系统。典型的四相指示光栅有三种排列方法：纵向式、横向式、田字型。三种排列方式各有优缺点，一般取其田字型排列方式为佳。不论哪种排列，每相间的相位互差 90°。四相读数头与单相相比，由于每一相接收的栅线数少，因此莫尔条纹的均差效果要稍差些。

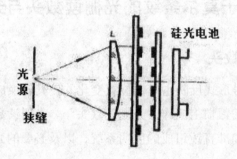

图 2-1　单相式读数头光路（图片来源：光电位移精密测量技术）

2. 分光型调幅读数头

（1）单相分光型读数头

单相分光型读数头的光路如图 2-2 所示。从光源发出并经透镜 L_1，准直的光束以 α 角入射到 G_1 和 G_2 光栅，光栅副出射的各级群光束的方位角 β_m。由光栅方程式

$$Sin\,\beta_m = sin\,\alpha + (n+m)\,\lambda/P$$

确定，经透镜 L_2 聚焦后，与光轴平行的那一组衍射光线将会聚在后焦面的轴上点 F′，而其他方向的各级组光束则会聚于 F′点两侧的若干离散点上。若将面积很小的光导管对准 F′点上最敏感谱带，并用狭缝遮挡住别的谱点，则光栅副的相对位移将表现为 F′上的亮度变化，从而输出与位移周期相同的或为其整数倍的正弦电信号，如要取其基波信号，透镜 L_2 的光轴倾角 γ 应取为一级组衍射

的方位角，即

$$Sin\,\gamma = sin\beta_1 = sin\alpha + \lambda/P$$

若要求系统处于最小偏角状态，即保证 $\gamma = (-\alpha)$，则

$$Sin\,\gamma = \lambda/2P$$

这种形式的读数头，透镜 L_2 本身是系统的孔径光阑和入射光瞳，焦平面上的狭缝或光导管的接收窗本身就是视场光阑及出射光瞳（入窗与物面，即与莫尔条纹面重合），属于小视场、大孔径光学系统。因而具有信号反差大及透镜像差、不影响信号质量等特点。为提高信号质量，窗口尺寸 A 对于透镜 L_2 的张角宜小于二级谱出射角，即

$$A < f'\,(sin\alpha + 2\lambda/P)$$

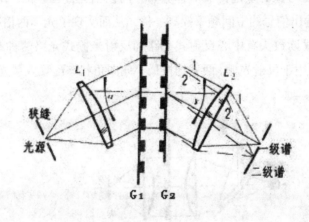

图 2-2　单相分光型读数头的光路（图片来源：光电位移精密测量技术）

（2）多相分光读数头

在指示光栅后面布置一个二分或多分透镜，则可在透镜后焦面上获得相位差为 180° 的两相信号或按要求分布相位的多相信号。令这两路信号按反向并联方式输入前置放大电路，合成信号中没有直流分量。

（3）直读式分光读数头

在单相分光读数头中，若光电接收元件不放在谱面，而往后移到 G_2 光栅的像面上，这就变成为直读式分光读数头。

3. 镜像型调幅读数头

两光栅间隙 t 对莫尔条纹光电信号对比度的影响很大，以零间隙时的对比度为

最好。但小间隙量将对机械系统公差提出严格要求，有时甚至不可能实现。为此，提出了用光栅像来代替实体指示光栅的方案，这就是所谓"镜像型"读数头。由于形成光栅像的方法不同，此类读数头可分为单光栅成像方式和双光栅成像方式两种。

（1）单光栅成像方式

单光栅成像式调幅读数头的典型光路如图 2-3 所示，图中 L_1 为准直透镜，透镜 L_2 与反射镜 M_2 组成一望远系统，它使光栅 G 成像在自身表面上，并形成莫尔条纹。镜像莫尔条纹可以是光闸式的，也可以是横向条纹，这取决于反射镜的结构形式。从本质上讲，单光栅镜像式读数头属于分光型读数头。

由于用光栅的像代替了实体指示光栅，就可以保证光栅副间隙为零时的情况下工作。又由于物与像对望远镜成对称分布，所以当光栅移动时，它的像将沿反方向移动，使得输出信号的空间频率提高一倍，从而实现了光学两倍频。

单光栅镜像式读数头有中心反射式光路和反射光栅式光路两种布置，前者用于透射光栅，后者用于反射光栅，两者均按最小偏向角状态配置入射光和衍射光束。

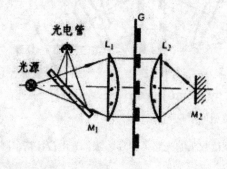

图 2-3　单光栅成家式调幅读数头的典型光路（图片来源：光电位移精密测量技术）

（2）双光栅成像方式

图 2-4 列出了两种双光栅成像式读数头的光路。在图 a 中，主光栅 G_1 由等倍投影物镜成像在 G_2 光栅的刻划面上，得到无间隙光栅副。投影物镜的口径应保证零次和一次衍射光通过，遮光板的作用是选择（0，1）和（1，0）两束光进入光电接收元件，以提高信号的波形质量和对比度，系统输出信号的灵敏度也提高一倍。在图 b 中，入射和出射光按最小偏角状态配置，成像透镜的口径较大，光路中也应配置遮光光阑以便检出零次和一次光束，形成等幅的（0，1）和（1，0）双光束干涉条纹。

双光栅成像式的优点有：光栅副基本上是在零间隙下工作；光栅刻划面可覆盖玻璃加以保护；光路调整比单光栅容易。但双光栅成举式也存在明显缺点，如成家透镜的像差，会影响信号的反差和波形质量以及间隙的均匀性，并限制视场大小，读数头尺寸比较长等。

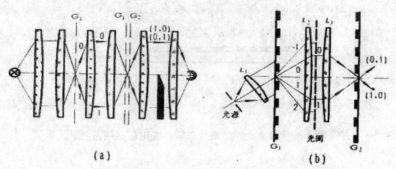

图 2-4　双光栅成像式读数头的光路（图片来源：光电位移精密测量技术）

（二）单光栅干涉读数头

由一对光栅或由一块光栅与其自身像产生莫尔条纹，其信号质量（如对比度）与光栅衍射效应的大小有很大关系，因此，光栅的实用线数大多在每毫米 150 线以内。采用单光栅干涉型检测系统则可采用每毫米 1000 线量级的衍射光栅，该系统的灵敏度大为提高，莫尔条纹信号质量也有较大改善。因此，这是一种以光栅为基准、以莫尔干涉技术为基础的新型位移检测方法。

图 2-5 为其原理示意图，当一束单色光平行垂直入射到衍射光栅时，由两束同序、异号衍射光在分光镜处相干涉而产生干涉条纹，条纹亮暗分布将因光栅尺位移而周期性变化，只要检测出条纹亮暗变化的周期数，即可得到光栅的位移量。图中两侧反射镜用于反射由光栅上 A 点处衍射的（＋1）和（－1）级光，并限制其他衍射级光束进入分光合成器中，起到了低通滤波器的作用。其实，由于光栅在移动中会产生微小倾斜，使 ±1 级光会合后偏离平行方向，不能获得良好的干涉条纹。

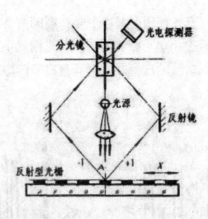

图 2-5　单光栅干涉读数头光路（图片来源：光电位移精密测量技术）

二、光栅光学系统

光栅光学系统是指形成莫尔条纹的光学系统，它是光栅位移精密测量技术及其装置中的重要组成部分。在设计光栅光学系统时，一般应具有如下要求：第一，系统结构简单，调整方便，有较好的抗干扰能力。第二，系统输出信号应满足高倍电子学细分的要求。第三，系统能输出多相信号，并具有输出倍频的能力。

根据形成莫尔条纹时相互起作用的光栅数目，光栅光学系统可分为单光栅、双光栅和三光栅光学系统。

（一）单光栅光学系统

单光栅系统中，衍射级次对测量灵敏度的影响变化较大，对于一般黑白光栅而言，难以实现高效率的高级次衍射。因此采用闪耀光栅，闪耀光栅在设计的衍射级别上光功率占大多数，同时在其他级别（尤其是零级）光功率的损失最小。因此，本书以闪耀光栅为例，介绍单光栅微位移检测基本原理与系统结构。

单块闪耀光栅光学系统，如图 2-6 所示。图中，光源 1 经准直镜 2 发出平行光，垂直入射至分光镜 3，将光分成两路，分别投射到闪耀光栅 4 的 A、B 处，闪耀光栅 4 表面为等腰三角形的刻槽（图中 b）。光栅在自准状态下，入射光垂直入射于刻槽面时，由物理光学可知，具有最大强度的衍射光将在入射光的反射方向上，即强度最大的衍射光将按原路返回。

这样，由 A、B 处返回的两路衍射光，光路由棱镜 3 透过，B 路由棱镜 3 转向，它们都投向透镜 5。因这两束衍射光是相干的，相遇后发生干涉。干涉图像经透镜

5 后由光电元件 6 接收。通过控制刻划面与光栅平面的夹角 φ，可使要求的光谱级次 m 发生在最大光强方向上。φ 角称为闪耀角。产生主闪耀的条件为：

$$m\lambda = 2P\sin\phi$$

式中，m 为要求有最大光强的光谱级次；λ 为入射光波长；P 为光栅栅距；φ 为闪耀角。

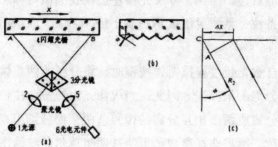

图 2-6　单块闪耀光栅管路图（图片来源：光电位移精密测量技术）

在工作过程中，闪耀光栅 4 作为标尺光栅随工作台一起移动。设光栅随工作台沿 x 方向移动 Δx 距离，则射至 A 处的光线 R₁ 的光程变化（如图 2-6 中 c 所示）为：

$$2AC = 2\Delta x\sin\phi$$

相应的相位变化为：

$$\Delta\phi_1 = 2AC2\pi/\lambda = m_1 2\pi\Delta x/P$$

与此相似，另一束光射至 B 处的光线，相应的相位变化为：

$$\Delta\phi_2 = m_2 2\pi\Delta x/P$$

因此，这两束相干光相位差的变化为：

$$\Delta\phi = (m_2 + m_1) 2\pi\Delta x/P$$

设要求光谱级次 $m_1 = m_2 = 2$ 有最大光强，则由上式可知，当光栅 4 移过一个栅距 P 时，两束相干光的相位差将变化 4×2π，这意味着干涉条纹变化 4 次。可见，由图 2-6 的光栅光学系统具有光学 4 倍频的作用，将系统的分辨力提高了 4 倍。

为进一步提高系统的灵敏度，在栅距 P 不变的情况下，可采用大的 m 值，即用高次衍射闪耀。由 $m\lambda = 2P\sin\varphi$ 可知，只要增大闪耀角 φ 值，即可增大 m。但 φ 角太大，要求刻槽加深，增加了刻划难度。

（二）双光栅光学系统

双光栅光学系统是目前光栅位移测量中应用较为广泛的一种系统。它可分为直接接收光学系统、分光式光学系统、成像式光学系统、光学四倍频光学系统、高倍频（粗细光栅组合）光学系统、相位调制型光学系统等。

　　以成像式光学系统为例。为了获得倍频和多相信号，可利用成像光学系统和偏振分像原理，光学系统如图 2-7a 所示。光源 5 经聚光镜 1 后，平行光入射照明标尺光栅 2，标尺光栅 2 位于物镜 3 的焦平面上。标尺光栅 2 左边的栅线，经过图左面的物镜 3、分光棱镜 4、渥拉斯顿棱镜 6、直角棱镜 7 及图右面的物镜 3，而成像在标尺光栅的右边。因此，标尺光栅左边栅线的像与标尺光栅右边的栅线相叠合而形成莫尔条纹，系统灵敏度将提高 1 倍。图中，渥拉斯顿棱镜 6 是用于实现输出多相信号的。

　　众所周知，自然光经过渥拉斯顿棱镜时，将分解成两束偏振方向相互垂直、出射方向有一定分离的偏振光。因此，当成像光束经过此棱镜时，光栅左边的栅线便在光栅右边分解成两个相互分离的像，这两个像分别与光栅右边的栅线各自形成一组莫尔条纹。适当选择参数，可使这两组莫尔条纹输出的两路光电信号在相位上相差 90°。由光的偏振原理可知，两束出射偏振光与出射面法线的夹角 ϕ_1 及 ϕ_2 值可推导如下，

$$\phi_1 = sin^{-1}(n_e sin\,\theta\,cos\,\theta - n_o cos\,\theta_1 sin\,\theta)$$

$$\phi_2 = sin^{-1}(n_e sin\,\theta\,cos\,\theta_2 - n_o cos\,\theta_1 sin\,\theta)$$

　　当棱镜顶角口不是很大时，这两束出射偏振光，差不多对称地分开。它们与出射面法线的夹角为

$$\phi = sin^{-1}[(n_o - n_e)\,tg\,\theta]$$

　　当 n_o、n_e、θ 值一定时，由上式决定的 ϕ_1 及 ϕ_2 值也都是定值。这时，两组方向为 ϕ_1 及 ϕ_2 的出射光经物镜 3 以后，得到了分离距离为 L 的两个偏振像。分离距离 L 由角 ϕ_1、ϕ_2 及物镜的焦距 f 而定。如图 2-7c，适当选择参数，使 L 值满足 $L = (n + 1/4)P$，其中 P 为光栅栅距，n 为整数 0，1，2，3，……则此系统可输出两路在相位上相差 90° 的光电信号。

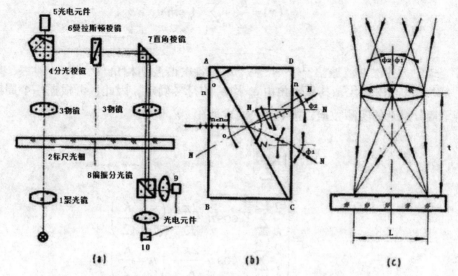

图 2-7　成像式光学系统光路（图片来源：光电位移精密测量技术）

上述两路信号是偏振方向相互垂直的偏振光，因此，在分离这两路信号时，不能用普通的分光镜，图中设置的分光镜 8 是偏振分光镜，它的作用就是分离两束偏振光。然后，两路偏振光再分别由光电元件 9 和 10 接收。

第三节　光电信号处理技术

一、光电信号质量指标检测

光电信号质量指标的检测方法很多，多数场合下将是一项一项地进行单项检测，但也可以进行多项综合检测。

（一）检测原理

综合评价实验系统的综合测试原理是基于莫尔条纹光电信号可以等效成一个以 2π 为周期的函数 $f(x)$，此函数可以用傅氏级数展开为：

$$f(x) = \frac{a_0}{2} + \sum_{n=1}^{\infty}\left(a_n \cos nx + b_n \sin nx\right)$$

也可将其改写成

$$f(x) = \frac{a_0}{2} + \sum_{n=1}^{\infty} A_n \sin nx + \phi_n$$

式中，各次谐波振幅 $A_n = \sqrt{a_n^2 + b_n^2}$，各次谐波初相角 $\phi_n = tg(a_n/b_n)$，均在 $0 \sim 2\pi$ 区间内变化，其象限角由 a_n 及 b_n 的符号确定。因此，可根据一个周期内若干等分点上的实测数据，按下列公式求取 a_0、a_n 及 b_n：

$$a_0 = \frac{1}{K} \sum_{i=0}^{k=1} Y_i$$

$$a_n = \begin{cases} \dfrac{2}{k} \sum\limits_{i=0}^{k=1} Y_i \cos \dot{n}\, \dfrac{2\pi}{K} & \left(n \neq \dfrac{K}{2}\right) \\ \dfrac{2}{k} \sum\limits_{i=0}^{k=1} Y_i \cos \dot{n}\, \dfrac{2\pi}{K} & \left(n = \dfrac{K}{2}\right) \end{cases}$$

$$b_n = \begin{cases} \dfrac{2}{k} \sum\limits_{i=0}^{k=1} Y_i \sin \dot{n}\, \dfrac{2\pi}{K} & \left(n \neq \dfrac{K}{2}\right) \\ 0 & \left(n = \dfrac{K}{2}\right) \end{cases}$$

式中，K 为一个周期内的等分点数，Y_i 为每个等分点上的采样值，n 为谐波次数。

由上式可求得 A_n、ϕ_n、a_0 值及已知的 Y_i，可求得前（K/2）— 1 次谐波的幅值及相角。所以，f（x）可近似地表达为：

$f(x) \approx a_0 + a_1 cosx + a_2 cos2x + \cdots + a_n cosnx + b_1 sinx + b_2 sin2x + \cdots + b_{n-1} sin$（n–1）x

当一个周期内等分点数取得越多，即 K 值越大时，将可求得级次越多的谐波，这时上式就越逼近于 f（x）。

（二）评价方法

利用谐波分析原理，根据测得的一个莫尔条纹信号周期内若干个采样值，求得傅氏级数表示式中各项系数，来评价光栅副莫尔条纹光电信号的质量：

1. a_0 值，表示标尺光栅全程范围内的变动情况，表征信号直流分量的漂移，即信号的稳定性。

2. A_1，A_2，…，A_n 为信号中各次谐波的幅值，正余弦信号 A_1 幅值之间的差别，表征各相信号的等幅性。

3．A_2，A_3，…，A_n 与 A_1 的比值，表征信号中各次谐波的含量大小，即信号的正弦性（也叫纯洁性）。

4．ϕ_1，ϕ_2，…，ϕ_n 为信号中各次谐波的相角，相邻两相信号（正、余弦）的 ϕ_1 相角之差偏离 90° 的数值，表征多相信号的正交性。

5．根据 a_0 和 A_1 数值，可求得信号的对比度。

6．另外，根据以上数据在标尺光栅全量程范围内的变动情况，可对信号质量的一致性作出评价。

（三）系统设计

系统由光电位移传感器、驱动器（直线或回转运动）、数据采集卡和微型计算机等组成。从传感器输出的两路正余弦信号，经过数据采集卡转换成二进制数送入微型计算机中，再由软件对这些二进制数进行频谱分析和自相关处理等，即可打印出光栅信号质量指标的各项结果数据或曲线。图 2-8 为电路框图。

实际使用中，对传感器同一信号可进行多次多点采样，并在传感器不同位置上进行测量，求其平均值，以减少测量误差。

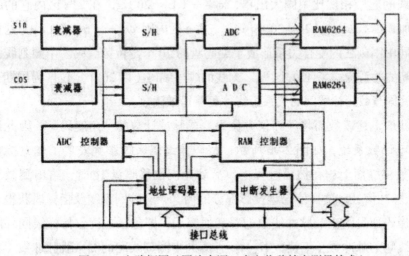

图 2-8　电路框图（图片来源：光电位移精密测量技术）

二、光电信号的提取和处理

（一）光电信号的提取方法

光电信号的提取方法与读数头和光学系统有密切联系。按照结构形式和用途分类，提取方法有单光栅、双光栅、三光栅信号提取法，光学成像信号提取法，游标式信号提取法，零位脉冲信号提取法和光波衍射干涉条纹提取法等几种。这里以游标式光栅信号读取方法为例进行介绍。

这是一种新型的编码原理，在码盘上只有三圈400条左右刻线组成的编码，其关键是应用了一种游标式编码盘和光楔测微尺式的光电脉冲扫描计数装置。并已成功地应用在一种新型的 TT_{11} 光电经纬仪上。参看图2-9a，编码盘的外圈用作细读数 S，刻400条等间隔线，即刻度值（栅距）为1g；中圈用作粗读数 Z，刻380条等间隔线，刻线以1/20的游标关系同外圈对应，即两圈的零刻线重合，下一对刻线相差 a_1 =（1：20）g，再下对刻线就差 a_2 =（2：20）g，而第19条刻线就同外圈第20条刻线重合，依次重复，直到第380条刻线同外圈的第400条刻线重合；内圈用作定位读数 D，刻度间隔同中圈起始相位在全圆周20个等分的"定位区"逐个增加，在0号区内起始相位同中圈刻度值相等而"空刻"，在1号区内刻线的起始相位比中圈大出单，ϕ_1 =（1：20）g，在2号区内它的起始相位值增加到声：ϕ_2 =（2：20）g……，在n区内则 ϕ_n =（n：20）g。这样，内圈刻线同中圈刻线的配合关系形成了编码盘的20个定位区编码。中圈刻线又同外圈刻线间的关系构成了400个"g"刻线的顺序编码（以20个定位区为周期）。而外圈刻线同读数指标线间的关系最终才可获得细读数。

为了获取上述读数需将经纬仪方位码变成脉冲计数的"角度码"。因此设计了一套光电计数系统，如图2-9b所示。将码盘编码区投影到安置了光电接收器的固定计数狭缝面上；在扫描过程中，活动光楔位移码盘1g时，给出测微尺刻线1000个脉冲信号，这样使码盘投影部分的内、中、外圈刻线及指标线获得了细分。读数译码通过给出的脉冲线数的总和而完成，即包括：读数指标线同外圈刻线间测微线间的脉冲数（细读数 N_S）。外圈同中圈刻线间的测微线脉冲数（粗读数 N_Z），中圈同内圈刻线间的测微线脉冲数（定位读数 N_D）。在1000个脉冲数时的全读数等于：

$$N = \frac{N_D}{50} \cdot 20g + \frac{N_Z}{50} \cdot 1g + N_s \cdot 0.001g$$

应用这一原理读取信号方法的经纬仪，具有编码盘制造工艺简单，仪器体积小，成本低等优点。

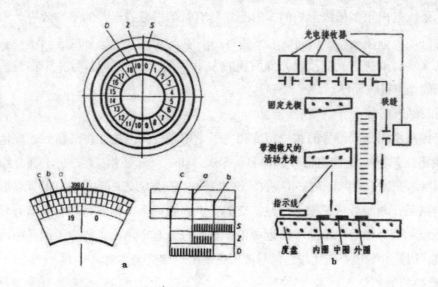

图 2-9　游标式光栅信号读取方法（图片来源：光电位移精密测量技术）

（二）光电信号的处理方法

尽管光栅副和读数头等都严格按照设计要求进行加工装配和调试，但由于各种因素的影响，提取到的光电信号的质量并不理想，总存在某些缺陷，影响了系统精度和电子学倍频能力。因此，对从读数头上提取光电信号时，应该进行精化处理，达到提高光电信号质量（即"四性一比"）的目的。下面将介绍精化处理的方法和措施。

1. 电平补偿

电平补偿主要是补偿信号的直流分量，增加信号的稳定性。由于光源照明不均匀和光电接收元件性能不一致，出现由读数头提取的光电信号中直流分量不一致，即有的大，有的小。当直流分量达到一定数值时，会影响系统的稳定性和可靠性；当提供电子学细分的两路正余弦基准信号的剩余直流分量不一致时，会影响电子学倍频能力及细分精度。所以，对信号的直流分量要进行补偿。最简单有效的方法是在光栅上增加一个全透光的通道，提取此通道的信号，并引出多个信号线，偏置为负值（因为被补偿的信号直流分量总是正值），调节其大小后，分别将此负值加到被补偿的信号中，正负相消，信号中的直流分量或剩余直流分量绝大部分被补偿了，剩下的只有全程光栅上的变化量。

2. 多线均差

莫尔条纹是由很多栅线形成的，因此它具有对单根栅线误差的平均效应。参与的栅线越多，则均差效果越明显，平均效应的大小由公式 $\sigma_x = \sigma/\sqrt{n}$ 给定。参与栅线的多少，取决于光电接收元件面积的大小。所以，在光栅读数头中尽量采用大面积的光电接收元件。

3. 相减处理

为了提高精码光电信号的相位精度和电子学倍频能力，往往将最精码光栅信号设计成相位差 90° 的四路信号，即 sin、sos、-sin、-cos。这需要通过上面介绍的四裂相指示光栅（或将 4 个光电接收元件错开 1/4 条纹宽度进行排列）即可得到。然后在电路工作相减处理，输出两路正交的正、余弦信号。相减处理后的信号具有以下优点：信号幅值比单路提高近一倍、直流分量基本消除、消除了信号中的偶次谐波，因此，与单路相比较，信号波形更平滑更接近正弦波。

4. 模拟相加

模拟量相加和数字量相加是对径读数方法的两种基本类型，各有优缺点。所谓模拟量相加是指把对径相位相同的每两路电信号，直接进行电压（或电流）相加。这种处理方法虽然受到了某些限制，如对径两信号的初始相位差应尽量小、轴系晃动应小到某个限值以内等。但在提高光电信号质量方面有其独特之处，例如，（1）可以消除轴系晃动、安装偏心、指示光栅倾斜等的影响；（2）信号波形的正弦性、正交性和稳定性都有所改善（正交误差和幅度变化都减少 1 倍）；（3）与数字量相加比较，可减少近一半的电子元器件。

5. 多头读数和全周积分

角度计量测试仪器有其自己独有的特性，即圆分度刻线误差是以 2π 为周期及总和为零。光栅刻线间隔误差 f（φ）可用傅氏三角级数表示：

$$f(\phi) = \sum_{n=1}^{\infty} A_n \sin(n\theta + \theta_n)$$

式中，θ 为间隔，A_n 为 n 次谐波幅值，θ_n 为初始相位角。由式可知，圆光栅的刻线位置误差是由许多离散的各次谐波分量合成的结果。据此，可根据刻线位置误差的性质及各次谐波的大小，在圆周方向上安置多个读数头，将所占比例较大的谐波分量加以平均消除，从而提高仪器的测量精度。多个读数头的布局有多种形式，最简单的也是最有效的布置是均匀配置法。即在圆周方向上均匀地配置两个或两个以上的读数头，并作模拟量相加后输出合成光电信号，此信号即为对圆光栅的刻线位置误差作了多个读数头相加精化处理后的基准光电信号。

若在圆周上均匀地布置了 K 个读数头，则 K 个读数头的信号合成后，基准光电信号的误差谐量的近似表达式为：

$$F = \sum F_K = F_1 + F_2 + \cdots + F_K$$
$$= A_1 \sin n\theta + A_2 \sin[n(\theta + \alpha_K)] + \cdots + A_K \sin\{n[\theta + (K-1)\alpha_K]\}$$

式中，读数头间隔 $\alpha_K = 2\pi/K$。将式上展开并假定：

$$A_1 = A_2 = \cdots = A_K = A$$

$$C_a = \left(1 + \cos\frac{2n\pi}{K} + \cos\frac{4n\pi}{K} + \cdots + \cos\frac{2(K-1)n\pi}{K}\right)$$

$$C_b = \left(\sin\frac{2n\pi}{K} + \sin\frac{4n\pi}{K} + \cdots + \sin\frac{2(K-1)n\pi}{K}\right)$$

则有

$$F = \sum F_K = C_a A \sin n\theta + C_b A \cos n\theta$$

（1）在有 K 个读数头相加的系统中，K 和 K 的倍数次谐波分量幅值比单个读数头要增加 K 倍，而其他的所有次谐波分量全部相消。

（2）当读数头个数 K 增加到足够大，则被消除的谐波次数就越多。若 K 趋于无限大时，就变成了全周积分系统，这时，全周相加合成后的光电信号的误差谐量 F≈0，也即，从理论上分析，此时的圆光栅刻线位置误差全部被平均掉了。

必须指出，以上两点结论是以各读数头输出信号的幅值相等和初始相位角应保证 $\alpha_K = 2$，3，4，……，2（K-1）π/K 的关系为前提的，若有差异，则某些谐波分量就不可能全消。另外，全周积分技术虽可以平均掉圆光栅刻线位置误差，但对于光源不均匀、圆光栅各部位透光不均匀以及聚光镜透光性能的变化引起的局部相位误差和光强误差等不能全部被平均。若系统轴晃和偏心过大时，则局部相位误差也随之变大，使合成信号的幅值下降。

如果，用一个环形照明器照明圆周上 360° 内的全部光栅线，并接收 360° 的全部光栅线信号（即用 360° 的圆周接收器或通过环形棱镜系统聚焦在一点上接收），这个光电信号即为全积分信号。这时，理论上，误差总和为零，即 $F \approx 0$。

第四节　光源和光电探测系统

一、照明系统

照明系统由光源、透镜（一般用准直镜）以及适当的光阑组成，有的采用光导管传输光束，以避免热影响。对照明系统的基本要求是：第一，提供均匀、稳定和足够的光能量。第二，光源的寿命要长，光效率要高，更换灯泡时灯丝位置离散性要小。第三，灯丝尺寸及其光谱特性尽可能与接收器件相匹配等。

（一）光源

对光源的要求主要有：能提供稳定的光能量，且光效率要高；光源发热要小以免光栅系统受热后变形；光源的寿命要长，更换时其离散性要小；光源供电电路要简单；灯丝宽度应满足对莫尔条纹信号反差的要求；光谱特性（峰值波长和频响）与接收元件相匹配等。

1. 光源类型

按波长分有普通光源和单色光源；按发光频率分有闪光光源和恒光源；按发光性质和原理分有汞灯、钨丝灯、半导体发光管和激光光源等。闪光灯由于频响与同步等问题，目前已很少使用。

光栅照明系统中最常用的光源是钨丝激励灯泡（白炽灯的一种），它的灯丝大多采用单根平直盘卷式，长约 5mm，粗 1mm。光谱范围：$0.35\text{-}1.1\,\mu\text{m}$。市场销售的主要是向阳牌，其规格有：6V2.1W，6V5W，6V15W，8V20W，6.3V0.28A，6.3V0.15A 等。白炽灯的优点是尺寸小、电路简便、价格低等，缺点是光效率低辐射热量大、使用寿命短、单色性差等。另外，有采用 5V0.1A 的微型灯泡，它尺寸很小，发热量低，寿命长（可达 10 万小时以上），非常适用于小型化的光栅光学系统中。白炽灯的灯丝形状很多，通常用 S 表示直线灯丝，C 表示单螺旋灯丝，CC 表示双螺旋灯丝。泡壳外形与使用情况有关，垂直工作灯的泡壳较瘦长，偏离垂直位置工作灯的泡壳较胖。有时，为起到反光作用，把部分泡壳制成球面和椭球面，且在内表面镀上铝膜。一般情况下灯的电压增加时其电流功率、光通量、光效率也增加而寿命快速下降。

单色性好的光源有半导体发光器、激光光源，还有汞灯等。砷化镓（GaAs）近红外固体发光二极管等半导体光源，近年来广泛用于光栅测量系统中，因为它具有体积小、频响高、寿命长（达10年之久，被称为长寿灯）、峰值波长（0.9μm）与接收元件灵敏度相匹配等优点。缺点是温度特性差和光通量低及发散角较大（约±65°）。激光光源（主要是 $\lambda = 0.63\mu m$ 的氦氖激光）的单色性好，光束发散角很小，发光强度大，因此可用于大间隙工作的光栅副测量系统。最近也出现了蓝绿光（$\lambda = 0.4\mu m$）的半导体发光管及其相应灵敏度的光敏接收元件，适用于海洋环境中探潜的测量仪器中。

目前，在光栅位移测量系统（如长光栅传感器和光电轴角编码器）中，普遍使用一种叫"对管"的半导体砷化镓（GaAs）发光—接收器件。它是美国霍尼韦尔公司（Honeywell）的产品。

2. 点灯电压

灯泡的工作电压直接影响使用寿命和光电流输出值大小。在光栅测量系统中，照明灯泡大多是"降压"使用，即实际使用电压 V 低于额定工作电压 V_0，这样可延长灯泡使用寿命；同时因灯的光谱偏红，有利于与接收元件灵敏度（大多数为0.91μm）相匹配，既提高灯发光的利用率，又提高了接收元件的输出电流值。

（1）灯压选择

实际寿命 τ 与实际灯压 V 间有如下关系式：

$$\tau = \tau_0 (V/V_0)^{14}$$

式中，V_0 为灯泡额定电压，τ_0 为灯泡额定寿命。以 6V1A 的灯泡为例，当实际电压分别取 5V 和 4V 时，灯泡寿命分别提高 12.8 倍和 291.9 倍。需要注意的一点，所谓灯泡使用期限是指它所输出的光能降到由接收元件输出电平决定下限时的期限，而并非指玻壳发黑或者灯丝断裂的期限。灯泡降压使用后，接收元件输出的电流幅值也随之下降，实际电流 I 与实际电压 V 的关系式为：

$$I = I_0 (V/V_0)^{0.5}$$

式中，I_0 为额定电流。故降压量和电流幅值应统筹考虑为宜。

（2）灯压与光栅信号质量间的关系

用谐波分析测定法，实际测定灯压与光栅信号质量间的关系如表2-1所示。其条件为光闸条纹，栅距0.2mm，光栅间隙0.04mm，6V5W仪用白炽灯，直流稳压供电，准直镜焦距34mm硅光电池接收。

①灯压的变化对信号谐波含量变化的影响不明显。灯压低，一、二次幅值小；灯压高，则一、二次幅值大，但对比度差，故应按对比度和基波幅值两项指标来选择合适的灯压。由上表得出灯压低于 3.5V 和高于 5V 的都不合适。

②可根据允许的直流电平（A₀）变动的数值，来确定稳压的精度。若允许 A₀ 变动 3%，则要求稳压精度为 2%。

（3）直流稳压供电

在光栅测量装置中，光电元件反映的是光学系统输出的光能量的变化信息，若光源发出的光能量不稳定，则将被误认为是测量信息的变化而直接带来误差。因此，要求稳压供电给白炽灯，以便发出稳定的光能量。

表 2-1 灯压与光栅信号的关系（表格来源：光纤光栅传感应用问题解析）

电压 （V）	A0（V）	A1 （V）	A2 （V）	A3 （V）	A4 （V）	A1/A0 （V）	A2/A1 （V）	A3/A1 （V）	A4/A1 （V）
3.0	0.0405	0.02083	0.00022	0.00025	0.00003	0.421	0.01	0.012	0.002
3.5	0.0849	0.02825	0.00336	0.00170	0.00180	0.33	0.11	0.061	0.067
4.0	0.1130	0.0319	0.00274	0.00005	0.00045	0.23	0.085	0.016	0.014
4.4	0.1373	0.0337	0.00293	0.00028	0.00011	0.24	0.087	0.008	0.003
4.6	0.1467	0.0318	0.00300	0.00035	0.00021	0.233	0.088	0.010	0.006
5.0	0.1646	0.0566	0.30032	0.00014	0.00049	0.217	0.089	0.004	0.014
5.5	0.1843	0.3640	0.00350	0.00039	0.00028	0.197	0.097	0.010	0.008

（4）光源亮度自动控制

由于电源电压波动，光源的衰老，以及光栅局部的不均匀和污染等因素，都会引起光电接收元件上光能量的变化。因此，应采取措施，使光源亮度能自动调整或自动补偿，以控制光源的发光强度。光源亮度的控制电路如图 2-20 所示。图中，光电管 T_0 收到的光强发生变化，则送到比较放大器 BN2062 倒相端的电位就相应变化。若射到 T_0 上的光强减弱，则 BN2062 输出电位升高，经 2N3054（BG_2）和 2Ntt1613（BG_1）组成的复合管功率放大后，由它的射极输出一个高电子去控制灯丝电流，使光源发光增强，以补充光电流的减少。跨接在复合管基射极之间的 2N1613 管（BG_3），是一个并联电流负反馈，使复合管电流放大倍数稳定。C_1 和 R_6 组成校正环节，用来校正附加相移，避免高频振荡。

3. 灯丝宽度

实际光源的发光体是有一定的宽度，如常用的白炽灯为盘卷成螺旋状的直灯丝，其盘卷直径即为光源宽度。光源宽度将影响光栅信号的对比度和信号的谐波成分。

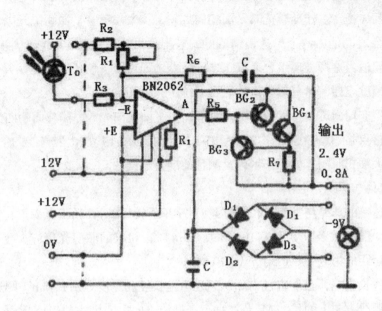

图 2-10　光源亮度自动控制电路图（图片来源：光纤光栅及其传感技术）

（二）准直镜

为了提高莫尔条纹的对比度，减少光源发散角的影响，对大多数光栅测量光学系统讲，要求光线平行且垂直入射到光栅面上。因此，照明系统中，一般都使用准直透镜。准直镜的作用，是把点光源转换成均匀的平行光束。实际上，光源不可能是点光源，而是有一定宽度的，这样条纹的对比就会下降。为了能够在光电接收元件能接收到一定的光能量的同时，又使光源有一定的发光面积，应选用细长灯丝；安装时，光源灯丝置于准直镜的焦距位置，且位于准直透镜的光轴上，并使灯丝的长度方向平行于光栅栅线方向。

1. 准直透镜的类型与像差

光斑的均匀性主要取决于透镜的像差，特别是其中的球差和色差。对于单块薄透镜讲，实际球差由初级球差和二级球差两部分组成，初级球差与透镜相对孔径（D/F）的平方成正比，二级球差与相对孔径的四次方成正比。由像差理论可知，薄透镜的球差还与其结构参数（面形）和透镜在光路中的位置有关；对于某一确定位置来讲，通过改变透镜的面形，球差值也随之变化，虽不可能变为零值，但可找到一个最小值，与此对应的形状称谓透镜的最优形式。如凸面朝向物体的平凸透镜，当物体位于无穷远时具有最小球差，而平面朝向物体的平凸透镜，却是近焦物点的最优形式。因此，光栅莫尔条纹照明系统的准直镜和聚焦镜大多采用平凸透镜，并使平面朝向物体。作准直镜时平面朝向灯丝，作聚焦镜时平面朝中光电管。

双胶合透镜是由两个单透镜构成的，它不仅可通过改变三个球面半径，而且还可借取于适当选择玻璃组合来校正多种像差（如球差、色差、彗差等）。因此，适用于高精度光栅测量莫尔条纹的光学系统中。

平凸型非球面透镜可以校正更多种像差。平面朝向光源，非球面朝向光栅面。此结构的特点是：焦距小、结构紧凑、相对孔径大、亮度均匀、出射光线的平行性好。特适用于大面积照明，如用作编码盘测量的准直透镜。

2. 口径与焦距

准直透镜的球差与其相对孔径有关，对于单透镜，相对孔径不宜太大，一般以0.5左右为宜。若莫尔条纹宽度为10mm或8mm时，相应的照明光斑应大于10mm，于是透镜焦距应为 $f \geq (D/0.5)$，即20mm以上。

设灯丝长为 x_1，盘卷直径为 d_1，硅光电池长度和宽度分别 h 和 b，则透镜在乎行于光栅栅线方向上的尺寸 M_1 及在垂直于栅线方向上的尺寸 M_2 分别由下式决定：

$$M_1 = h + A\frac{x_1}{f} + \Delta M_1 = h + A\phi_1 + \Delta M_1$$

$$M_2 = b + A\frac{d_1}{f} + \Delta M_2 = h + A\phi_2 + \Delta M_2$$

式中，f 为准直镜焦距；A 为与系统结构尺寸有关的值；ΔM_1、ΔM_2 为裕量。ϕ_1 为灯丝在长度方向的发散角；ϕ_2 为灯丝在宽度方向的发散角。

由上式可得准直镜的通光口径为：

$$D = \sqrt{M_1^2 + M_2^2} + k \quad k = 1 \sim 3$$

透镜焦距的选择：首先，焦距与允许的相对孔径有关。单片双凸透镜的相对孔径不宜大于0.5，单片平凸透镜不宜大于0.8，双片平凸透镜不宜大于1。其次，焦距与系统的结构尺寸等因素有关。通常，在允许的 D/f 范围内，大多选用短焦距。这样，可使系统结构紧凑，还可提高接收元件上的照度。但增大了灯丝的发散角，使光栅莫尔条纹信号的对比下降。所以，焦距的选择，需兼顾各个方面的要求。

（三）减少光源的热影响

温度是影响光栅测量系统精度的重要因素之一，切不可忽视。为减少其影响，可采取如下措施：

1. 选用发热量小的光源，如微型灯泡、砷化镓发光二极管及其他半导体光源等。

2. 光源散热要良好，在结构设计时，尽量将光源安置在测量装置的外部，或考虑用通风口或采用微型吹风机冷却等。

3. 采用光导纤维导光，这可将照明系统移至测量装置之外。

（四）光源装置

为了得到高的对比和均匀照明，对光源装置有如下要求：

1. 装置的可调性灯座应能绕轴转动，以调整灯丝平行于栅线；绕轴转动，以调整灯丝平行于栅线平面；沿 X 轴方向移动，使灯丝位于准直镜的焦面上；沿 Y 轴方向移动，使灯丝位于光学系统的光轴上。调整后，用螺钉拧紧，并用胶封住，以免松动。

2. 补偿电路需要有"亮度自动控制电路"，使光源发出稳定的光强。

二、光电接收元件

目前，光电接收元件大多采用半导体材料制作的光敏器件。光敏器件是把光转换成电或通过光信号控制电信号的器件，它是依据光生伏特（光发电）效应或光电导效应的原理工作的。按结构可分为无结型器件（也叫光导管或光敏电阻）和结型器件两大类。在光栅位移测量系统中，用的是结型器件。

（一）类型

如上所述，用于光栅位移测量系统中的结型器件主要有光电池、光电二极管、光电三极管。最近，在很多测量仪器上，采用了把接收光信号和测量位移相结合的电荷耦合器件（简称 CCD）。

当光照到半导体的 p—n 结上时，被吸收的光能转变成电能。这个转变过程是一个吸收过程，与发光二极管的自发辐射过程和激光二极管的受激辐射过程相反。在光的作用下，半导体材料中的低能级上的粒子可以吸收光能而跃迁到高能级；处于高能级上的粒子也可能在一定条件下通过自发或受激辐射放光而跃迁到低能级。通常，吸收过程和受激辐射过程是同时存在并互相竞争的。在光电二极管中，吸收过程占绝对优势；而在发光器件中，则受激辐射过程占绝对优势。吸收过程占绝对优势的器件有两种工作情况：第一种，当二极管上外加有反向电压时，管子中的反向电流将随光照强度和光波长的改变而改变，据此，可把该器件用作光电导器件，平常所说的光电二极管或光敏二极管就是工作于这种情况的 p—n 结器件；第二种，二极管上不加电压，利用半导体的 p—n 结在受光照时产生正向电压的原理，把光电二极管用作光致发电器件，如光电池或太阳能电池等就是工作在这种情况下的 p—n 结器件。光电二极管的基本类型有四种：即 p—n 结型、PIN 结型、雪崩型和肖特基结型。制造光电二极管的材料有：Si、Ge 和 GaAs、GaAsP、InGaAsP 等二、三、四元素化合物半导体。目前，最普遍的是 Si 光电二极管、Ge 雪崩型光电二极管等。

光电三极管是在光电二极管的基础上发展起来的，不同点是：第一有 3 个极，即 1 个集极和 2 个射极；第二是能把光信号变成光电流的信号放大。

（二）接入电路的方式

光栅莫尔条纹测量系统中，光电接收元件接入电路的方式，通常都采用相位上相差 180° 的两路信号反相并按、反相串接和从差分放大器对称输入等接法。这些接法在于消除直流电平、提高共模抑制比，以削弱外界同向的干扰。不同的要求目的有不同的接法。图 2-11 给出了从差分放大器对称输入接法的示意图。

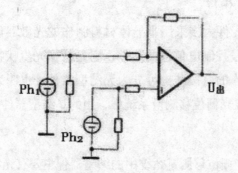

图 2-11　从差分放大器对称输入接法（图片来源：光纤光栅及其传感技术）

（三）负载电阻对输出信号的影响

光电接收元件负载电阻数值的选取要兼顾输出信号的大小及元件的响应速度，同时还与负载的输出电压是否工作在线性区有关。因此不同的光电元件，要注意合理地选择它们的负载电阻。负载电阻小，则输出信号小；负载电阻大时，则输出信号增大，但直流电子也增大，信号的对比度下降，且线性范围缩小，响应速度降低。

（四）电荷耦合器件

电荷耦合器件（简称CCD）是1970年前后发明的一种新型半导体器件。并在影像传感、信号处理和数字存储等的三大领域中得到广泛应用，显示出巨大潜力，在微电子学技术中更是独树一帜。

1. 工作原理

在硅衬底上热生长一层薄氧化层，然后在氧化层上面淀积多个彼此相隔很近的栅电极，这便完成了一个基本的CCD结构。CCD的工作原理是基于它具有电荷存储和电荷转移这两个基本功能。因此，CCD工作过程中的基本问题是信号电荷的产生、存储、传输和检测。

2. 结构

CCD的结构有多种多样，它们是：三相CCD、电阻栅p沟CCD、二相台阶氧化层CCD、注入势垒二相CCD、电导连接CCD（C4D）、交迭栅CCD、三层布线交迭栅CCD、埋沟道CCD、蠕动CCD（PCCD）等。最基本的还是三相CCD、二相CCD和四相CCD，它们各有优缺点，视场合选择应用。

3. 外围电路

CCD要求有时钟脉冲发生器，或者叫作驱动器，它提供电荷转移所必需的时钟脉冲以及输入，输出结构所需的复位脉冲和各种电平。各个不同应用领域往往对外围电路提出不同的特殊需要。外围电路对CCD性能的影响很大，如信号处理能力、转移效率、信噪比等只有在合适的时钟脉冲配合下才能达到器件设计和工艺所规定的最佳值。

三、光阑

光学系统中经常设置一些带孔的金属薄片，称之为光阑。光阑的通光孔，多数为圆形，其中心和光轴重合，光阑平面和光轴垂直。光阑可分为限制轴上物点入射光束大小的孔径光阑、限制物平面上或物空间的成像范围的视场光阑、限制杂光进入成家系统的消杂光光阑、限制轴外物点成家光束以改善轴外物点成像及减少仪器径向尺寸的渐晕光阑等。

孔径光阑被其前面的光学零件成在整个系统的物空间的像称为入射光瞳，简称入瞳；被其后面的光学零件成在整个系统像空间的像称为出射光瞳，简称出瞳。因比，入瞳、孔径光阑、出瞳是物像共轭关系。通过入瞳中心的光线称为主光线，对理想光学系统而言，主光线必然通过孔径光阑和出瞳的中心。入瞳直径与系统焦距之比（D/f）称为相对孔径。视场光阑被其前面的光学零件成在整个系统的物空间的像称为入射窗，简称入窗；被其后面的光学零件成在整个系统像空间的像称为出射窗，简称出窗。同样，人窗、视场光阑、出窗也是物像共轭关系。孔径光阑和视场光阑的大小及位置是根据不同要求确定的。

空间滤波器可视作一个特殊的视场光阑，它的主要作用是作为选频滤波器，选择所需的频谱，保留期望的成分，滤去或抑制不希望的谐波成分，从而达到改善和控制信号质量的目的。另外，光电元件的接收窗大小或在其前面的隔离窗（组合元件接收时）相当于视场光阑的出窗，它既限制了接收视场的大小（决定了接收总光能量的大小），又限制了各接收元件间的相互串光。把光阑作为空间滤波器来改善莫尔条纹光电信号质量，降低信号中的谐波成分，提高其电子学倍频能力的一种有效方法和措施。

第五节　光栅测量仪器的电路系统

电路是光电位移精密测量技术及其设备中的重要组成部分。它是将传感器头部输出的位移光电信号通过电路进行各种"处理"后，变成可读取的数字或显示或打印或提供给其他外设（如计算机，控制驱动器等）使用。通过各种电路的处理可以提高光栅莫尔条纹光电信号的质量，提高仪器的测量分辨力，提高仪器的精度和可靠性以及使其具备各种功能（如显示打印，故障诊断，电平补偿等）等。光电位移测试计量仪器中的电路主要有：电源、处理电路、功能电路、显示电路等几部分。

一、电路总框图

图 2-12、图 2-13 分别为长光栅传感器、光电轴角编码器的电路总框图示意图。图中虚线框 1 为处理电路、虚线框 2 为外部设备。功能电路(框图中只画出判向电路)包括：传感器中光源亮度的控制、信号直流电子的补偿、正反（前进或倒退）向判别、电调零、故障诊断检测电路等。若传感器中的长光栅，编码器中的圆光栅或编码盘的最小分划值能满足测量分辨力时，则处理电路中的细分电路可以省略。

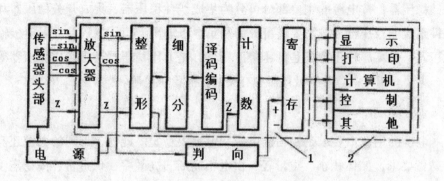

图 2-12　长光栅传感器电路图（图片来源：光纤光栅及其传感技术）

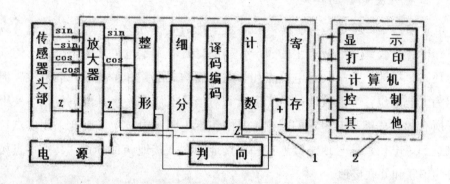

图 2-13　光电轴角编码器电路图（图片来源：光纤光栅及其传感技术）

二、电源

电源是电子电路，测量仪器和电子电路构成的各种电子设备中的"动力"，电源的质量在一定程度上又决定了电子设备的质量。光电位移测试计量仪器中的电源包括：传感器点灯电源、光电接收元件电源、处理电路电源、功能电路电源、外部设备电源等。虽然它们都是提供多少电压、多少电流的电源，但不同的电源，其要求各不相同。

（一）电源的种类

电源的种类很多：按稳定对象可分为交流稳压器和直流稳压器；按稳定方式可分为参数稳压器和反馈调整式稳压器；按负载连接方式可分为并联式稳压器和串联式稳压器；按调整元件和工作状态可分为线性稳压器和开关稳压器；按作用

元件可分为辉光放电管稳压器、稳压管稳压器、电子管稳压器、晶体管稳压器和可控硅稳压器；按电源的主要部分可分为集成线性稳压器、集成开关稳压器和分立元件组成的稳压器；按需要还可分为是集电极输出型稳压器还是发射电极输出型稳压器，是高压稳压器还是低压稳压压器，是通用稳压器还是专用稳压器等。这里，主要介绍光电位移测量仪器中有关的直流稳压电源。

（二）电源的要求

对电源的最基本要求是输出的电压和电流要稳定。此外，不同的电源还有各自特殊性要求，如体积小、重量轻、供电不间断、高效率、低造价、高稳定度，能在特殊环境中工作等。

（三）开关电源的接地

电子仪器中，接地是抑制噪声和防止干扰的主要方法之一。正确接地可以消除各路电流经公共地线所产生的噪声，避免受磁场和地电位差的影响，不使其形成地环路。接地作为一个等电位点和等电位面构成电路和系统的基准电位，但不一定为大地电位。一般接地是为了安全和对信号电压有一个基准电位。事实上，由于所有的导线都具有一定的阻抗（其中包括电阻和电抗），因此采用多点接地很难达到等电位。信号地线接地有一点接地和多点接地两种方式，其中一点接地又分为串联和并联接地。

三、处理电路

（一）加法电路

数字加法器在数字运算系统中是最基本的运算单元电路。任何复杂的二进制算术运算一般都是按一定规则通过基本的加法操作来实现的，因此，加法器是具有广泛用途的运算电路之一。加法器有半加器和全加器之分，加法器中的异或门叫作半加器，是执行两个数相加运算的最基本电路；全加器按进位方式又可分为：双进位存储全加器、四位快速进位全加器和四位串行进位全加器，可以满足各种不同应用场合的使用要求。

（二）运算放大电路

当今，以越来越复杂的算术运算电路为主体的运算器已成为高速数字计算机和其他数字系统的标准硬件。光电位移传感器中的运算放大器，大多为差分放大器，即由传感器输出五路信号：$\sin$、$\cos$、$-\sin$、$-\cos$、$z_0\sin$ 和 $-\sin$、$\cos$ 和 $-\cos$

进行差分放大，零位信号 z 单独放大。

（三）整形、微分电路

整形、微分电路的作用是把由传感器输出的正弦波先变换成方波（整形）后再变成宽度很窄（微分）的计数脉冲。这一功能主要由触发器来完成。触发可分上升沿和下降措触发。单稳触发器主要用于脉冲产生和信号变换，它采用上升（或下降）沿触发时，脉冲下降（上升）沿不起作用。集成化的单稳态触发器与用普通门电路及分立元件组成的单稳态触发器相比，脉冲展宽范围大，外接元件少，温度特性好，功能全，抗干扰能力强，对电源电压变化的稳定性好。

（四）功能电路

功能电路是指在光栅测量仪器电路中具备某些特殊要求的功能，以增加仪器的可靠性和维护检测的方便性。一般有多种类型的功能电路，它们有：电调零电路、补偿电路、检测电路、断电保护电路等。

1. 电调零电路

光栅传感器本身有一个测量零位 Z_1，但把它装入整个测量仪器（如光电经纬仪）中后，由于对准和调试或分辨力低等原因，实际要求的零位 Z_2 和光栅传感器本身的零位 Z_1 不重合，这时需要用电路调零的方法使 Z_1 和 Z_2 重合为 Z_0。

2. 补偿电路

在光栅测量仪器电路中，大致需要有光电信号直流分量和点灯电压（即光源强度控制）两种补偿电路。

3. 检测电路

检测电路有原始信号幅度检测和故障诊断检测等。

（五）显示电路

光栅传感器测量系统中的显示电路与显示方式及显示器件有关。光栅传感器测量系统中的显示方式大致有"8421"、二进制显示、十进制显示、六十进制（度、分、秒）显示等。显示器件有小指示灯泡、氖灯、半导体发光管和数码管等。

（六）译码、编码电路

1. 译码器

由输出的状态来表示输入代码的逻辑组合的数字电路叫做译码器，也叫做解码器。它可分为三类：变量译码器（用以表示输入变量状态）；代码变换译码器（用于一个数据的不同代码间的相互变换）和显示译码器（将数字或文字、符号的代码译成数字、文字、符号的电路）。一般译码器的代码变换有 BCD 码至 10 进制码，余 3 码至 10 进制码，余 3 格雷码至 10 进制码及 BCD 码至格雷码等。通常的译码器中，n 位地址最多可以有 2^n 个输出，如 3 线 ~ 8 线译码器，便有三位地址码 A_0，A_1，A_2，则有 8 个输出 Y_0，Y_1，…Y_7，且 8 个输出全部由外引线端引出，因此称为"全译码器"。在光栅测量系统中所用的译码器主要是代码变换译码器和显示译码器，其代码变换大多为周期格雷码变换为 2 进制码，2 进制变换 10 进制或 60 进码，60 进制变 2 进制码等。

2. 编码器

与译码器相对应的是编码器，编码的过程就译码的反过程。国产 TTL 编码器有两大类共 7 个品种，即 10 进—BCD 编码器和 2 进—BCD 编码器。所有国产 TTL 编码器的输出代码均为最常用的"8421"码，同时它们的编码操作又都是按高位优先排队的，因而使用可靠、方便。

（七）计数电路

计算器是数字系统中具有记数和显示功能的一种电路。它所记忆显示的不同状态可用来表示进入计数器的脉冲个数，它是由基本的计数单元和一些控制门组成的。计数单元由一系列具有存储信息功能的各类触发器构成，如 R—S 触发器、T 触发器、D 触发器以及 J—K 触发器等。计数器按计数进制不同，可分为 2 进制计数器、10 进制计数器、其他进制计数器和可变进制计数器；若按计数单元中各触发器所接收计数脉冲和翻转顺序或计数功能来划分则有异步计数器和同步计数器两大类，以及加法计数器、减法计数器、加 / 减计数器；按预置和清除方式分则有并行预置、直接预置、异步清除和同步清除等差别；按权码来分有"8421""5421"，余"3"码计数器；按集成度分有单、双位计数器等。

异步计数器是输入的时钟脉冲信号只作用于计数单元的最低位触发器，各触发器间是相互串行的，由低一位触发器的输出逐个向高一位触发器传递进位信号使得触发器逐级翻转，所以前一级状态的变化是下一级状态变化的条件，也即只有低位触发器翻转之后才能产生进位信号使高位触发器翻转。异步计数器的计数速度慢，但逻辑结构简单，成本低。同步计数器是指同一个输入脉冲信号同时作用到各个触发器上，在同一时刻所有触发器可能同时翻转并产生进位信号，向高一位计数器进位。所以，同步计数器的计数速度快，计数频率高，但输入信号所承受的负载较重。国产 TTL 计数器共有 4 个系列 38 个品种，38 个品种可归纳为 17 种逻辑结构和 12 种外引线排列。T4000 系列和 T1000 系列计数器同类品种的速度相近，而后者功耗则为前者的 3 倍；T1000 系列和 T000 系列计数器同类品种的功耗相近，而前者速度是后者的 1.5 倍；T000 系列和 T1000 系列计数器同类品种相比，前者速度是后者的 2 倍，而前者功耗为后者的 1.5 倍。例如，2—5—10 进制 T210、T1290、T4290 计数器。其特点是采用 8421BCD 码，双时钟脉冲输入 10 进位计数；可直接置 "0"、置 "9"；输出可产生 2 分频信号，在外部与 CPB 连接可得 10 进位计数。再如，4 位 2 进制 T214、T1161 计数器。其性能特点是 T214、T1161 内部采用 J—K 触发器单元计数，T4161 采用 D 型触发器单元计数；可直接清除；2 进位同步计数；数据可并行预置；具有进位信号输出，可串接计数使用等。

（八）采样保持电路

在进行模拟信号的处理时，为了细分或其他目的的需要，必须把某一瞬间的模拟信号的电子采集并保持下来。图 2-14 为其电路图。图中，采保（S/H）电路，一般用 LM398，采样输入可以用内采或外部信号，也可用选择开关控制。C 是保持电容，当采样为高电平时，输出随输入变化而变化，同时向电容 C 充电；当采样为低电平时，对输入信号的瞬间采样值的输出不变，由电容 C 上的电压来维持输出，亦即输出不随输入的变化而变化。

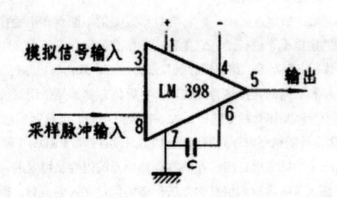

图 2-14　采样保持电路电路图（图片来源：光电测试技术与系统）

（九）寄存电路

寄存器或移位寄存器是电子设备和数字系统中的一个重要电路，它是用来暂时存放数码的一种逻辑记忆元件。寄存器能够接收、暂存和传送数码的运算结果、指令以及写入或读出的数据，一般也称为数码寄存器。它必须由具有记忆功能的触发器和接收数码的控制门来组成，使其在同一个"接收命令"下实现接收数码、存放数码和传送数码。寄存器和存储器的不同点在于：存储器一般用来存储最后的运算结果，存储时间可以很长，且存储信息容量较大，可达数十千位；而寄存器则是用来存储中间运算结果，存储时间较短（只是暂存一下），存储的信息容量较小，只能存储一个字节或几个字节。移位寄存器有存放记忆功能外，还有移位功能。按输出稳定状态情况的不同，可将寄存器或移位寄存器分为静态和动态两种。用固定的"1"和"0"电平状态的则称为静态，若以时钟脉冲的有或无来表示其输出的"1"和"0"电平状态的则称为动态。在数字集成电路中，静态寄存器或静态移位寄存器比动态的要多用两倍的元件数，但动态的寄存器对时钟脉冲提出的要求往往要多于静态的要求。

为了以较少的品种兼顾更多方面的应用需要，国产寄存器和移位寄存器的各品种各有其功能。有并行输入、并行输出品种；有串行输入、串行输出品种；也有具有同步或异步清除品种；还有单、双向移位和保持功能的品种等。寄存器和移位寄存器，其内部的记忆单元都采用触发器。寄存器有采用边沿触发方式的 D 型触发器，也有用锁存器作记忆元件的；移位寄存器一般都采用主从 R—S 触发器作寄存元件的。所以，这些触发器和逻辑门的主要电参数的性能指标决定了寄存器和移位寄存器的主要电参数指标。

锁存器是对输入数据进行锁存。它与 D 触发器的不同点在于锁存器的数据送入是由时钟的约定电平来进行的。它主要用于信息的暂存，所以又叫做暂存器、锁定触发器、数码寄存器等。组成锁存触发器，一般常采用与或非逻辑门结构。

能存储程序和数据的元件称为存储器。半导体存储器是指用双极晶体管或金属—氧化物—半导体晶体管制成的中、大规模集成电路。已研制出的 TTL 电路有三种类型存储器，即随机存取存储器（RAM）、只读存储器（ROM）和相联存储器。存储器需具备三个功能要求：随机存储器存储单元的内容是可变的；只读存储器是固定信息存储，需提供写入信息的方法；必须保存存入的信息，需要时能够送出信息。

（十）电调零电路

光栅传感器本身有一个测量零位 Z_1，但把它装入整个测量仪器（如光电经纬仪）中后，由于对准和调试或分辨力低等原因，实际要求的零位 Z_2 和光栅传感器本身的零位 Z_1 不重合，这时需要用电路调零的方法使 Z_1 和 Z_2 重合为 Z_0。

（十一）补偿电路

在光栅测量仪器电路中，大致需要有光电信号直流分量和点灯电压（即光源强度控制）两种补偿电路。

1. 直流分量补偿电路

在处理电路中，光电信号存在的直流分量是非常不利的，因此要采取措施给予消除或补偿。措施之一是从光栅传感器头中取出的正弦和负正弦、余弦和负余弦信号，然后将 sin 和 - sin、cos 和 - cos 进行差分放大处理，这时处理后 sin 和 cos 信号中，直流分量基本上被消除了。由于光电接收元件性能的差异，可能还有数值很小的剩余直流分量存在。在中、低精度测量中，这些剩余直流分量对精度影响可以忽略不计。当精度要求较高时，还需对剩余直流分量进行精补偿。措施之二是用固定直流电平分压法去抵消剩余直流分量。固定直流电子是从刻有"通圈"的光栅传感器上直接得到的，它再通过负载电阻多头分压反接法按需要大小去抵消不同的剩余直流分量，或者补偿绝对式轴角编码器中粗码信号的直流分量。

2. 光源强度控制电路

光源强度的变化直接影响光电信号的大小及质量，因此有必要对光源的发光强度进行有效的控制。控制发光强度实质上是控制点灯电压，设定所需光强下的点灯基准电压为 V_0，当实际点灯电压 $V \neq V_0$ 时，则应实时地将电压差 $\Delta V = （V - V_0）$ 反馈到控制电路中，使实际点灯电 $V \pm \Delta V \neq V_0$，此时光源发出的光强与原设计光强度大小相等。

（十二）检测电路

检测电路包括原始信号幅度和相位的检测和故障诊断检测电路等。

1. 原始信号幅度和相位的检测

原始信号幅度和相位的检测比较简单，只要在电气箱的面板上打几个孔，把需检测的原始信号输出线上并联引出检测线至面板检测孔即可。用电表测量其各检测孔中信号幅值；用示波器可检测各原始信号间的相位关系。

有时采用正交信号发生器来检测原始信号的正交性及幅值等。一方面可独立地进行电路调试；另一方面，在传感器的光机电联试中，可作为一个标准正交信号去发现、校正传感器的原始信号及电路中发生故障的部位。

2. 故障诊断检测电路

根据不同的要求，被诊断的部位可能是电气箱中的一块印制板，或某一个关键器件，或某一功能部件等。同样，只要检查其被诊断部位的输出（电压或电流或状态）是否正常即可。

（十三）清零和防"死机"电路

清零方式一般有三种，即手动清零、上电自动清零、零位信号清零。目前，光栅测量系统的电路广泛应用单片机和软、硬件相结合的电路。因操作有误或某些干扰，有时会出现死机，甚至造成仪器旋转部件的"飞车"现象，所以必须采取措施防止死机，防止事故的发生。

四、电路的抗干扰问题

光栅位移传感器无论是一个独立测量设备，还是作为一个部件安装在其他测试系统中，由于电网的干扰，外部环境的干扰和系统内部的干扰等，都会影响仪器中的电路不能正常工作，以至无法进行各种计量测试活动。因此，必须考虑电路中有关抑制噪声、抵抗干扰的问题，确保电气系统有效工作。

（一）常见噪声及其影响

光栅测量仪器中常见的噪声，除公用电网引入的噪声外，还有：外部人为的噪声；电子器件的噪声和系统内部产生的噪声等。

1. 感性负载切换时产生的噪声

感性负载有：供电系统的交流接触器；方位、高低功率放大器电源启停的变流接触器；方位、高低力矩电机的加速和制动等。它们都有较大的自感，当切换时，由于电磁感应作用，线圈两端会出现很高的瞬间电压，沿着电源线、地线、信号线在系统中流串，对电路施加干扰。这种干扰会使单板机死机，程序中断运行等。同时，这种干扰的高次谐波会形成电磁辐射，促使信号中的噪声电平增加。

2. 信号传输线的反射和串扰产生的噪声

超过1米的信号线传输就可叫作长线传输。长线传输中，由于多芯电缆或束捆导线等传输线之间的耦合，或较长平行配线之间的电磁感应和静电感应等原因，常会出现反射现象，引起过冲、振荡，使信号波形产生严重畸变，导致误动作；有的使电压超过电路的极限值，影响电路的正常工作。

3. 触点接触不良产生的噪声

在有类似导电环传输信号的仪器中，当触点过多过密时，对视频信号，低电平模拟信号及数字信号等极容易产生噪声干扰，影响信号的传输。

4. 直流电源的噪声

电路中大多是用低压直流电，它是由交流220V电压经变压、整流、滤波、稳压后得到的。由来自交流电网的传导噪声和本身滤波不佳引起的纹波噪声等组成了直流电源的噪声。它将影响仪器电路的正常工作。

（二）抑制噪声的常用方法

抑制噪声，防止干扰的基本要求是：抑制噪声源，即分析、找出干扰源，直接清除产生干扰的源头；切断干扰传输途径，或提高传输途径对干扰的衰减作用，以消除噪声源对受扰设备间的噪声耦合；提高受扰设备的抗干扰能力，降低受扰设备对噪声的敏感度，抑制噪声的具体方法有如下几种：

1. 对直流电源噪声的抑制

增加滤波级数或加大滤波电容可继续减少纹波噪声。由于制造工艺的关系，电容的加大则分布电感也随之增加，这是不利的。可在电解电容处并联一个 $0.1 \sim 0.47\,\mu F$ 的高频电容器，以防止旁路高频脉冲的干扰。

2. 合理接地

接地的目的一是安全，二是抑制干扰。根据用电法规，仪器主机机壳和监控设备机壳必须接大地，这称之为保护接地，可防止出现过高的对地电压，危及工作人员的安全。另外，静电屏蔽层的接地，可抑制变化电场的干扰。接地可分为系统地、机壳地、屏蔽地等。接地设计必须注意防止各分系统间形成接地回路而引入干扰，并避免有公共地线阻抗而产生干扰。同时，还需合理选择接地电阻和接地点，根据经验，接地电阻应小于 4Ω 为宜；接地点要避免与强电设备（如雷达等）一起接地，至少相隔 15m 以上。

3. 其他抑制措施

主要是电缆的合理选择（普通单根电缆、双绞线、同轴电缆、特种电缆以及有屏蔽的动力电缆等）与配布及屏蔽。电缆配布的原则为：将噪声源有关线路区分出来；信号线远离高压线；低压控制线与强电控制线应分开布线；应避免近距离平行布线等。同时，合理布局接插针和信号针以及重要区域的屏蔽等问题也很重要。

第三章　基于莫尔条纹的双层光栅位移检测

第一节　莫尔条纹概述

一、莫尔条纹基础

莫尔条纹是光栅测量的基础，清楚了解莫尔条纹的形成、特点及信号必要的硬件处理是对其进行高倍数高精度细分的前提条件。

（一）莫尔条纹的形成

莫尔，即法语 Moire 的音译，意思是在水面上产生的波纹。两块光栅迭合时，也产生类似的波纹花样，故由此得名。

并不是任意两块光栅重叠都能看到莫尔现象，由多个光栅在不同情况下重叠形成的莫尔图案也并不是全都能看到，随着各光栅之间的角度或相对位置发生改变后，形成的莫尔图案的形状、大小和位置也会改变，最常见的莫尔条纹多是由栅、格等具有周期结构的图案重叠产生的。

莫尔条纹是光栅式传感器工作的基础，其研究最早可以追溯到 19 世纪末期，20 世纪 50 年代以后开始应用于实际测量，其形成机理被广泛研究。

图 3-1 为长光栅结构，光栅上平行等距的刻线称为栅线，其中透光的缝宽为 b，不透光的缝宽为 a。一般情况下，透光的缝宽与不透光的缝宽相等，即 $a=1$，$d=a+b$ 称为光栅栅距（也称光栅常数或光栅节距）；对圆光栅盘而言，更多使用栅距角的概念，即圆光栅盘上相邻两刻线所夹角。

如果栅线间的夹角为 θ，则光栅组透光部分呈菱形。当有光源照射光栅时，综合效果就是一组等间距亮带——形成了莫尔条纹，图 3-2 所示。

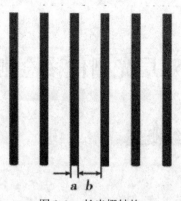

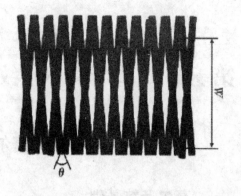

图 3-1　长光栅结构　　　　　　　　　　　图 3-2　　莫尔条纹的形成

（图片来源：定量化学分析）　　　　　　　（图片来源：定量化学分析）

　　当两块迭合光栅沿着垂直于栅线方向相对运动时，莫尔条纹便沿着与栅线近似的方向作相应的移动，两块光栅相对移过一个栅距，莫尔条纹移过一个条纹间距。如果不考虑光栅的衍射作用，又设它们的栅距相等，缝宽和线宽都相等，则根据简单的避光原理，在线重叠处两块光栅的栅线完全避光，透光量为 0，在缝重叠处两块光栅栅线不彼此避光，通光量最大，此时光通过两光栅后的能量分布将是一个三角波，但实际上由于光的衍射作用，光能量分布是一个近似的正弦波。

　　不难理解，当 θ 很小时，莫尔条纹的移动方向与光栅相对移动方向近似垂直，产生莫尔条纹的宽度 W 为：

$$W = \frac{a+b}{2\sin(\theta/2)}$$

莫尔条纹的移动量 D 及主、副光栅间相对位移 x 之间的关系为：

$$D = kx$$

　　式中放大倍数 $k = 1/sin（2\theta）$。

　　单个光电元件只能接收固定点的莫尔条纹信号，只能判别明暗的变化而不能辨别莫尔条纹的移动方向，因而不能判别位移方向，而如果能够在物体正向移动时，将得到的脉冲数累加，物体反向移动时可从已累加的脉冲数中减去反向移动的脉冲数，这样就能得到正确的测量结果。

　　为达到这一目的，通常在指示光栅每隔 1/4 莫尔条纹宽度处放置一个光电元件，即四个光电元件间距为 W/4，这样由光电元件得到相位相差 π/2 整数倍的四路信号，经差动放大后得到正余弦信号 $A\sin\theta$ 和 $A\cos\theta$，两路信号放大整形后送入电路，通过判断相位的相对导前和滞后实现辨向。正向移动时脉冲数累加，反向移动时，便从累加的脉冲数中减去反向移动所得到的脉冲数，实现位移量的准确测量。

在理想状态下，光电元件输出电压 u 与光栅位移 x 之间关系可表达为：

$$u = A\sin\left(\frac{2\pi x}{d}\right) = \left(\frac{2\pi vt}{d}\right)$$

其中 v 为光栅移动速度，d = a + b 为光栅栅距，A 为电压幅值。

由上式可知，当信号电压幅值一定时，光电元件输出为理想正弦波，但由于光栅相当于谐波发生器，且照明光源、光栅间隙、光栅的衍射作用、光电元件特性等影响，光电元件输出信号含有高次谐波，残余的直流电平及直流电平变动造成直流电平漂移，多路信号幅值的不一致性以及多路信号相位不正交，导致光电元件输出不是理想的正弦波。

（二）莫尔条纹的特点

莫尔条纹对微小位移和微小转动非常敏感，只要互相重叠的两幅图案之间的相对位置有一点点的变动，都可能带来莫尔图案的十分剧烈的变化，因此可实现对输入信号（位移量）的精确转换。

莫尔条纹具有几点重要特征：

1. 误差平均效应

莫尔条纹测量与一般线纹尺式测量是不同的。线纹尺的测量过程是对一根刻线进行瞄准，因此任何一个刻线间隔的误差都将 1∶1 地反映到测量结果中去。而在光栅式测量中，光电元件接收的是一个区域中所含的栅线形成的莫尔条纹，由光栅的大量栅线共同形成，个别栅线的栅线误差或者个别栅线的断裂或其他疵病，对整个莫尔条纹的位置及形状的影响将很微小，即莫尔条纹在很大程度上消除了栅线的局部缺陷和短周期误差的影响。

这时，数条莫尔条纹所指示位置的平均标准差 δ_x 和单根栅线所指示位置的标准差 δ 之间的关系可由下式表示：

$$\delta_x = \frac{\delta}{\sqrt{n}}$$

其中 n 为参与形成莫尔条纹的栅线数。

可见莫尔条纹位置测量的可靠性大为提高，个别栅线的栅距误差对测量结果的影响被减小，光栅式测量可以有更高的精度。

2. 运动对应关系

莫尔条纹的移动量、移动方向与两光栅的相对位移量、位移方向的对应关系。

当主光栅沿与栅线垂直的方向相对移动一个栅距 d 时，莫尔条纹则沿光栅刻线方向移动一个莫尔条纹的宽度 W；在两块光栅的栅线交角 θ 一定的条件下，莫尔条纹的移动方向与光栅的位移方向相同。因此，测量时可以根据莫尔条纹的移动量和移动方向判定光栅的位移量和位移的方向。

3. 位移放大作用

由于两光栅的夹角 θ 很小，光栅栅距 d 和莫尔条纹宽度 W 就有如下近似关系：

$$W \approx \frac{d}{\theta}$$

可以看出，莫尔条纹有放大作用，其放大倍数为 $1/\theta$。当 θ 很小时，d 和 W 的比值很大，所以尽管用肉眼难以观察到栅距，但莫尔条纹却清晰可见，这一点对于布置接收莫尔条纹信号的光电器件来说非常有利。

（三）莫尔条纹信号预处理

1. 信号调理

光电元件接收到的光栅衍射后的莫尔条纹，将其转换为电信号，直接获得的莫尔条纹电信号非常微弱，通常为微安级的电流信号，幅值小、功率小，无法满足莫尔条纹检测和细分要求，因此要实现细分必须对电信号进行信号调理，主要为信号的放大和滤波。

信号调理电路如图 3-3 所示，利用运算放大器构成微电流放大转换电路，该电路具有较大的放大倍数及较宽的可调范围，输出电压：

$$U_{out} = I_{in}\left(R_1 + R_2 + \frac{R_1 R_2}{R_3}\right) = I_{in} R_f$$

当可调电阻 $R_3 = 4.7K\Omega$ 时，T 形电路的等效电阻 $Rf = 3.12M\Omega$。反馈回路跨接 0.1uF 的钽电容，降低放大过程中的高频噪声，电容在电路中有 100% 的负反馈。调零电路可以有效消除光电元件暗电流及运放的零点漂移。

为进一步提高系统检测的灵敏度，信号放大后应采用有源二阶低通滤波器滤除莫尔条纹信号中的高频噪声分量，电路中的运放应具有输入阻抗高、输出阻抗低及高的开环增益和良好的稳定性等特点，这样可以保证有源滤波器的简单构成和良好性能。

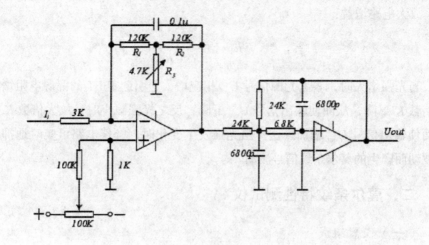

图 3-3 莫尔条纹信号调理电路（图片来源：光学干涉检测）

2. 光强补偿

莫尔条纹信号细分之前除了要进行必要的信号调理，光源本身的稳定性也是影响细分精度的重要因素，因为光强的偏移会对测量精度带来系统误差，一般说来，光源在长期工作状态下时的光强波动率应不超过 ±5%。

光栅测量系统一般采用 N 沟道结型场效应管（JFET）[1]实时改变放大电路的增益，来抑制光强的波动。原理是采用场效应管对管连接方式，取一束不经光栅衍射的直接照射到光电元件上的光束作为参考光源，参考光源的波动规律与所检测的莫尔条纹相同，补偿电路如图 3-4 所示。

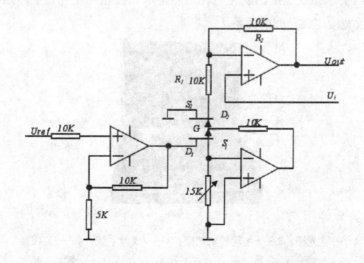

图 3-4 光强补偿电路（图片来源：光学干涉检测）

放大电路增益：

$$K = 1 + \frac{R_2}{R_2 + R_{DS2}}$$

当光强增大时，参考光源信号 U_{ref} 相应增大，引起 JFET 的漏源电阻增大，放大倍数 K 下降，从而使输出信号 U_{out} 下降；反之光强减小时，放大倍数 K 增大，从而使输出信号 U_{out} 增加。这样当光强发生变化时，补偿电路可实时地抑制因光强波动而产生的莫尔条纹信号波动。

二、莫尔条纹特性测试仪

（一）仪器组成

该莫尔条纹特性测试仪（图 3-5）是以教学为目的，方便使用者了解莫尔条纹的形成机理，掌握光栅莫尔条纹特性，及其在角度和位移测量中的应用。光栅莫尔条纹特性检测仪由开放式可旋转机械结构、开放式光栅副、成像系统和检测系统构成。

开放式机械结构可自由拆卸，使用者可自行安装；光栅副可自由组装形成肉眼可见的光栅莫尔条纹，使莫尔条纹的形成机理一目了然。该莫尔条纹经成像系统放大显示在监视器上。旋转装置可用于改变两光栅间的夹角，使副光栅可在二维平面内自由旋转，可以与主光栅形成任意角度的夹角。通过独特的机械结构设计，当需要研究光栅副相对位移时，使指示光栅相对于主光栅线性滑动；当需要研究两光栅夹角与莫尔条纹宽度的变化时，则使指示光栅相对主光栅旋转运动，从而便于验证条纹宽度与夹角间的关系。

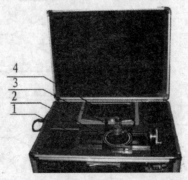

1——主光栅；2——可旋转副光栅；3——成像系统；4——监视器

图 3-5　莫尔条纹特性测试仪（图片来源：光栅莫尔条纹纳米级细分技术）

成像系统主要由 CCD 和监视器构成，CCD 安装于可上下移动和左右微调的机械臂上，可调节其成像焦距；该部分完成莫尔条纹的图像采集和放大显示，以使条纹图像更加清晰。

（二）开放式机械结构

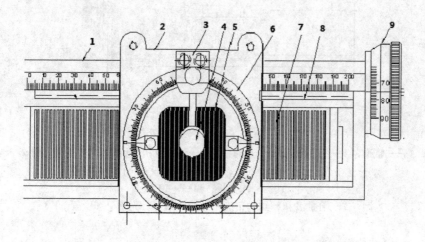

1——轨道；2——滑块；3——升降台；4——CCD 机械臂；5——指示光栅；

6——分度盘；7——主光栅；8——丝杆；9——百分度手轮

图 3-6　开放式机械结构俯视图（图片来源：光学干涉检测）

该开放式机械机构主要由主光栅基座、滑块、CCD 机械臂和副光栅旋转盘组成。

主光栅基座部分则由主光栅、电源和测量装置组成（图 3-7），电源放置于主光栅基座内部，其亮度可调，测量装置主要用于对滑块的移动位移测量。丝杆螺距为 1mm。

滑块同分度盘、CCD 机械臂、副光栅盘构成一个机械整体（图 3-8）。副光栅放置于滑块的圆形凹槽内，可做二维平面的自由转动。分度盘用于测量副光栅盘旋转过的角度值。CCD 机械臂用于对 CCD 的调节，使之在测量时得到最佳的图像效果。CCD 机械臂本身有丰富的空间自由度，可上下、前后移动，同时可旋转调节 CCD 的检测方向（图 3-9）。

滑块和主光栅基座是彼此分离的；而在检测莫尔条纹的线性特性时，需将滑块卡放在主光栅基座上，在丝杆的带动下在主光栅基座上线性运动。在检测莫尔条纹宽度与光栅夹角的关系时，将指示光栅（图 3-10）放置在滑块的圆形凹槽内，旋转指示光栅，改变光栅副夹角，通过角度盘可以读出改变的夹角值，从而可使

验证试验得以实

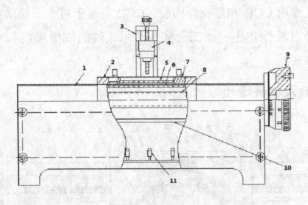

1——轨道；2——滑块；3——升降台；4——CCD 机械臂；5——指示光栅；
6——主光栅；7——分度盘；8——丝杆；9——百分度手轮；
10——均光板；11——LED

图 3-7　开放式机械结构正面图（图片来源：光学干涉检测）

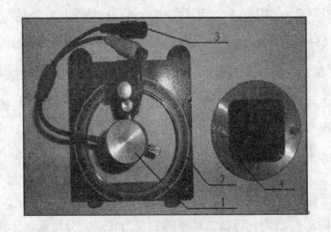

1——CCD 机械臂；2——角度盘；3——CCD 外接线；4——指示光栅

图 3-8　滑块实物图（图片来源：光学干涉检测）

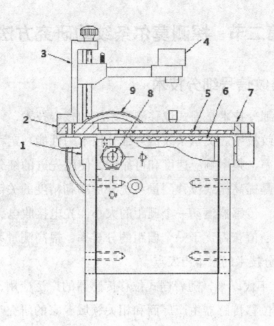

1——轨道；2——滑块；3——升降台；4——CCD 机械臂；5——指示光栅；

6——主光栅；7——分度盘；8——丝杆；

9——百分度手轮；10——均光板；11——LED

图 3-9　开放式机械结构侧面图（图片来源：高精度编码器细分误差分析）

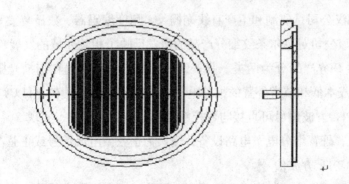

图 3-10　指示光栅（图片来源：高精度编码器细分误差分析）

该开放式的机械结构可以让光栅副在自然条件下形成肉眼可见的莫尔条纹，为线性光栅的特性测量搭建了直观而又便利的机械条件。

第二节　探测莫尔条纹的研究方法

一、莫尔条纹信号细分技术

　　莫尔条纹信号细分技术是栅式位移测量系统的核心技术，计量光栅技术从本质上讲就是莫尔条纹技术。莫尔条纹信号细分技术的性能一定程度上决定了测量系统的精度、分辨率、频率响应速度和可靠性，使用先进的细分技术获得优于一个栅距的分辨率，是提高栅式位移测量系统分辨率和精度的关键。莫尔条纹对栅距起到了放大作用，传感器运动一个栅距的大小，光电接收电路就会产生一个正弦波电信号，通过插值获得优于一个栅距的分辨率，提高测量系统的分辨率，这是研究莫尔条纹细分技术的根本出发点。

　　20世纪六七十年代以来，随着栅式位移传感器的广泛应用，莫尔条纹细分技术成为国内外栅式位移传感器生产厂商和相关领域专家的研究热点，各式各样的细分方法层出不穷，主要包括光学细分、机械细分和电子细分三大类。其中光学细分、机械细分对机械制造精度和硬件要求较高，所以工艺难度大，这对于位移测量系统的小型化、成本控制和提高可靠性等都是不利的。20世纪80年代以来，随着计算机技术和信号处理技术的迅猛发展，使得电子学细分成为广泛采用的莫尔条纹细分方法，且电子学细分具有读数快、细分数高、易于实现动态测量、便于系统集成等优点，因此新型电子学细分方法研究成为莫尔条纹技术领域重要的研究方向。

　　德国海德汉公司是研制和生产直线光栅尺、角度编码器、数显装置等产品的著名跨国公司，该公司对莫尔条纹细分产品的研发反映了相关领域的发展趋势。目前，该公司的信号细分产品分为两类。其一，细分电子电路内置在扫描光栅内，具有部件少、硬件成本低和节省外置的细分电子电路安装空间等优点。可以实现5～100倍频，输出TTL方波信号可直接与数控系统或数显装置相连，实现5～0.1μm的分辨率。其二，外置细分电子电路设备，输入为正弦微电流信号或正弦电压信号，输出为对应的TTL方波信号。

　　海德汉IBV600系列的细分和数字化电子装置，产品特点是输入为正弦增量信号1Vpp，输出相应的TTL方波信号。其中IBV600B型可实现25～400倍频，细分倍数受到输入信号频率的限制，输入信号的频率上限越高，能够实现的细分倍数越小。

　　海德汉IK220细分卡是一种PC兼容的插入式卡，用于两个增量式或绝对长度和角度测量编码器的测试数值处理，输入信号最大频率达到 500Khz，细分和计数装置可将正弦输入信号细分至 4096 倍。海德汉公司的产品性能优良，一直是行业内的标准。但是，该公司产品采用何种细分方案是对外保密和严格封锁的。半个多世纪以来，西方发达国家一直没有放松过对我国的技术封锁，包括高端的数显装置和数控机床也都禁止对华销售，因此，我们必须提高自身的科技水平，自主创新、研究新型信号细分方法。

目前，国外学者先后提出了多种基于硬件实现或软件实现的细分方法，比如 S.Balemi（巴拉米）和 H.V.Hoang（史蒂文·黄）分别提出了正弦信号自动校准方法、优化估计信号补偿方法，这些细分方法能够补偿相位偏移、幅值不均衡问题，但是不支持相位符合变化并且静态测量时失效；R.Hoseinnezhad（霍塞涅扎德）提出一种改进的递推加权最小二乘法，可实现实时跟踪解析参数，解决了其他优化方法静态时失效的问题，但是需要大量的计算时间（约 2ms），因此输入信号的带宽受到了很大限制；K.K.Tan（凯文·谭）提出基于查找表技术（LUT）的高倍细分方案，是通过求解原始信号的高阶细分信号值，再通过 LUT 方法查表输出预先存储的高阶细分信号，实现实时高速细分，但是需要消耗大量的内存资源；M.Benammar（本·阿迈尔）提出基于线性化技术的细分方法，这种方法通过简单信号处理就可以求解信号相位，并且可以有效地提高输入信号的带宽，但是不能有效的消除噪声，在低频时也不能获得高的细分倍数。锁相环技术（PLL）是数字信号处理领域一种重要的信号处理方法，其具有良好的噪声抑制能力，但是传统的锁相环输入信号频带太窄且低速时不能工作。T.Emura（埃穆拉）提出了一种正交锁相环细分方法，有效扩大了动态范围，可以解决正反向换向时的锁定问题，但是这种方法是基于硬件实现，环路参数调节困难，并且难以做到高倍细分。

我国多所高校和科研机构也相继开展了新型莫尔条纹细分方法研究，先后研制出各型经济型的细分数显装置，在引进国外先进细分技术的基础上，学习、分析、借鉴、创新，形成具有自主知识产权的新技术。我国重庆大学、华中理工大学研究新型的时空脉冲细分技术，获得 $0.1\mu m$ 的精度；沈阳工业大学研究改进型锁相倍频细分方法，经国家计量检定部门测试准确度为 $\pm0.25\mu m$，细分误差为 $1.0\mu m$，该校数显技术研究所研制高精度数显装置，分辨率达到 $0.1\mu m$；广州韶关光栅测控研究所、合肥工大、清华等科研院所研究微机细分技术；国防科大研制了大量程纳米级位移测量系统，具有很高的科研价值。随着微电子技术和数字信号处理技术的发展，莫尔条纹信号细分技术正向高细分倍数、高频响带宽、高响应速度、便于集成化等方向发展。

二、常用莫尔条纹信号细分技术

光电编码器输出正弦波信号或对应的方波信号，因为正弦波信号直接反映了空间位移信息，因此正弦信号成为大多数电子学细分方法的研究对象，如移相电阻链法、幅值分割细分法、载波调制鉴相细分法、锁相细分法等。移相电阻链法在高倍细分时电路复杂，使用受到很大限制。针对方波信号的细分研究主要是四倍频细分法和高频时钟脉细分方案，其中直接四倍频细分法简单易于实现，使用广泛，但细分数小。

（一）幅值分割细分法

基于硬件实现的幅值分割细分方案，是利用正弦波信号的幅值与位移之间的对应关系。通过与参考电压信号比较，输出细分脉冲，细分脉冲的个数反映了位移量。因为正弦信号不同幅值处斜率不同，且在波峰波谷的曲线斜率接近零，需要移动一个较大的位移才产生一个微小的电压变化，造成整个信号周期内灵敏度不同，如图 3-11 所示。所以一般不直接对光电编码器输出的正弦信号细分，而是构造线性度较好的信号，如构造三角函数信号，如图 3-12 所示，构造函数表达式如下式所示。但是仅仅依靠电压比较实现幅值分割，在高倍细分时细分电路复杂，需要很多电压比较芯片和复杂的后续处理电路，系统的测量精度受电子器件精度影响大，不适于高倍细分的场合。

$$U_\Delta \approx |sin\ \theta| - |cos\ \theta|$$

基于软件实现的幅值细分方案，是利用 A/D 转换实现幅值的采样，送入微处理器进行数据处理，具有传统电压比较方案不可比拟的优点，如细分倍数大、速度快、精度高等。特别是随着高速 A/D 转换器件和数字信号处理芯片（DSP）的出现，模数转换的速度满足幅值采样高速性的要求，DSP 处理器运算速度快，因此可以获得较高的频响速度和细分倍数。同样为了克服信号单周期内灵敏度不同的缺陷，采用了构造线性度较好信号的解决方法。据此常用的幅值分割细分方法主要分为两种，分别是构造近似三角函数细分法和构造正切函数细分法。通过对信号所出进行判别，实现高倍细分，大大提高了莫尔条纹测量系统的精度和分辨率，而且容易实现功能扩展。

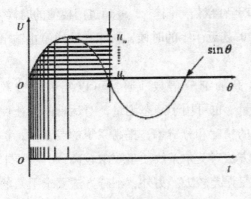

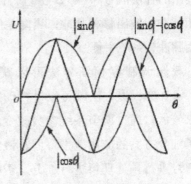

图 3-11 直接幅值分割细分　　　　图 3-12 构造三角函数波形

（二）载波调制鉴相细分法

载波调制鉴相细分法的本质是利用信号中包含的相位信息。将莫尔条纹信号经相位调制处理加载到载波上，通过与基准信号比相，测得时间信号相位，根据相位角大小确定细分脉冲个数，最终推算出位移量。调制的思想是基于三角函数两角和的公式实现的，如下式：

$$sin\,\omega t \cdot cos\,\theta + cos\,\omega t \cdot sin\,\theta = sin(\omega t + \theta)$$

其中 $sin\,\omega t$ 和 $cos\,\omega t$ 是引入的一组高频载波信号；$sin\,\theta$ 和 $cos\,\theta$ 是莫尔条纹信号。将载波信号和输入信号分别相乘之后求和，根据三角函数中两角和公式，从加法电路中可以得到 $sin(\omega t + \theta)$，至此频率不断变化的空间位置信号转化成频率相对稳定的时间信号。相位调制鉴相细分的原理框图如图 3-13 所示。

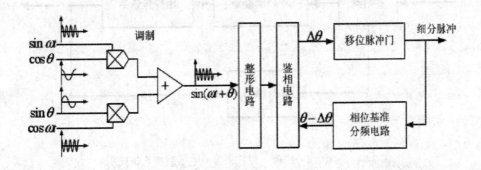

图 3-13 载波调制鉴相细分的原理（图片来源：电子制造装备技术）

已调制信号转换为数字信号后输入鉴相单元，并将该信号与相位基准分频电

路输出的补偿信号 θ － Δθ 进行比较。当补偿信号偏差 Δθ 超过门槛值的时候，移相脉冲门输出移相脉冲；当偏差值 Δθ 趋近于零的时候，移相脉冲门停止输出移相脉冲，系统平衡。

载波调制鉴相细分法可以获得较高的细分倍数，通常可以实现细分数 200～1000，该方法既可以进行动态测量，也可用于静态测量，对运动的恒速性要求较低。通过调节系统参数改变测量的精度和分辨率，提高系统的灵活性，扩大了细分方案的应用范围。但是该细分方法对莫尔条纹质量要求较高，一般要求对信号进行预处理再进行细分，否则测量误差较大。另外，细分方法要求引入的载波信号高于最大光栅输出信号频率一定倍数，因此会受限制于传感器最大运动速度。

（三）锁相倍频细分法

传统的锁相倍频细分同样利用是信号包含的相位信息，细分原理框图如图 3-14 所示。锁相环由鉴相器、环路滤波器、压控振荡器和分频器组成，分频器是细分环节，细分倍数由分频系数决定。锁相环路实现对输入莫尔条纹信号的 n 倍频，即输入莫尔条纹信号相位变化 $2\pi/n$，压控振荡器输出一个周期信号，实现 n 倍细分。锁相细分用简单的电路获得高倍细分，并且环路滤波器对信号噪声有良好的抑制能力，因此对信号的质量要求不高。但锁相环路对输入信号的频率稳定性要求较高，即要求传感器匀速运动。另外，锁相环输出信号是标量，不能判别运动方向，并且只能应用于动态测量，因此该细分方法在应用上受到很大限制。

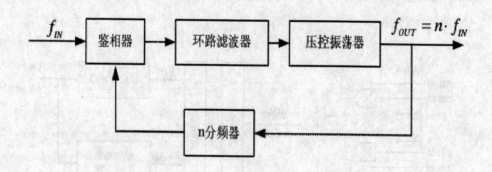

图 3-14　锁相细分原理（图片来源：电子制造装备技术）

新型锁相倍频细分方法是将载波调制细分方法和传统锁相倍频细分方法有效结合的细分方案，核心思想是将莫尔条纹信号先进行相位调制，再送入锁相环路进行倍频细分。新型锁相细分方法原理如图 3-15 所示。

通过相位调制将传感器的空间位移信号加载至时间信号上，转化为对时间信号相位角的测量，继承了传统锁相倍频细分细分数高的优点，克服了传统锁相细分对输入信号频率稳定性要求高、不能应用于静态测量、不能判别运动方向等问题。但是基于可编程器件实现的数字锁相环存在周期性的抖动，虽然测量结果大体上接近真实值，仍存在较大细分误差，使得测量精度无法精确估计。

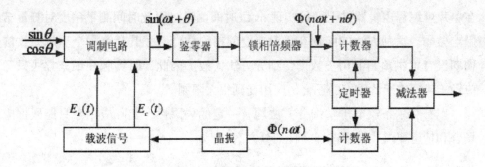

图 3-15　新型锁相细分原理

（四）高频时钟脉冲细分法

时钟脉冲细分方法的研究对象是方波信号，思想是"利用空间脉冲对高频时间脉冲进行瞬时标定，再利用采样时刻高频时间脉冲完成对空间脉冲的实时细分"。依据运动过程中速度连续性特征，结合高精度定时方法，对空间信号脉宽进行前瞻和预测，将位移测量转化为对时间的精确测量。时钟脉冲细分方案原理如图 3-16 所示。

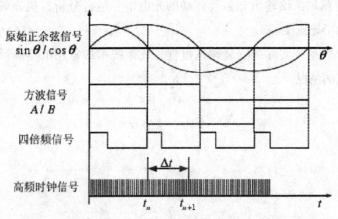

图 3-16　时钟脉冲细分原理

$$S_{tn+1} = S_{tn} + v \cdot \Delta t$$

由图 3-10 可知，莫尔条纹信号 1/4 周期内是位移测量的盲区。比如 t_n 时刻的位移可精确测得，若需测量 t_{n+1} 时刻的位移可用上式求得，因此这种测量方法依赖时间的精确测量和速度的精确估计。该细分方法符合位移的时间测量模型，即利用含有空间位置信息的四倍频信号，估算出瞬时速度，使得时间脉冲具有了空间当量，通过对时间的累积即可求得位移。应用中时间的精确测量易于实现，因为微机时钟脉冲频率一般都很高，并且随着时间数字转换技术（TDC）的出现，在单片可编程逻辑器件上即可实现 ns 级时间测量，因此时间测量精度对测量结果影响微弱。这种方法的问题在于对速度的精确估计，尤其是第一个莫尔条纹信号周期没有可供预测的历史数据，细分方法失效。因此，时钟脉冲细分方法只适合应用于速度连续性较好的场合，应用受到很大限制。

现有莫尔条纹电子学细分方法均有一定的局限性，实际应用中只能根据应用场合和精度要求，折中选择一种细分方案。

三、反射式双光栅典型莫尔条纹

（一）反射式双光栅典型莫尔条纹信号分析

当栅距远大于照明光波波长的光栅，通常称作粗光栅。粗光栅的莫尔条纹可用光直线传播的几何光学原理进行分析讨论反射式双光栅莫尔条纹输出光强及其光电信号。

所设计的编码盘最密的码道栅距大约 0.05mm，而照明光波波长约 980nm，因此，用光沿直线传播和光的反射定律等几何光学原理，利用透光面积情况对反射式双光栅调制后的莫尔条纹输出光强及转换的光电信号进行分析，粗光栅编码器研制具有很重要的指导意义。

在光电读数系统实际的安装调试过程，该系统中最常用的是高反射率与低反射率区域等宽的情况。

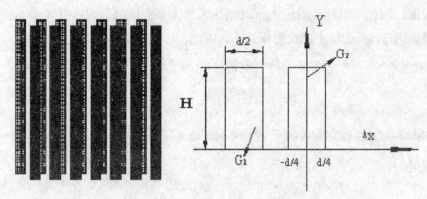

图 3-17 （a）光闸式莫尔条纹 （b）动静光栅的相对运动

（图片来源：传感器与检测技术）

当 $d_1 = d_2 = d$，$\theta = 0$ 时，得到光闸式莫尔条纹。设两光栅相对运动方向为 X 方向，当两光栅相对运动时，静光栅（指示光栅）对入射光像闸门，周期开闭。如图 3-17，设光栅孔栅比为 a：d = 1：2，又设有一矩形接收光阑（光敏面）：长 L = nd（X 方向），宽 H（Y 方向）。当 G_2 不动，G_1 移动 Δx（系统输入），其透光面积等于两光栅透光的重叠面积。在一个光栅周期面积内，透光面积 S（Δx）如图 3-12 变化为：

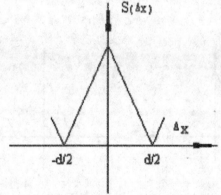

图 3-18 S（Δx）随 Δx 变化情况（图片来源：传感器与检测技术）

$$S(\Delta x) = \begin{cases} H\left(\Delta x + \dfrac{d}{2}\right) & -\dfrac{d}{2} \leq \Delta x \leq 0 \\ H\left(-\Delta x + \dfrac{d}{2}\right) & -\dfrac{d}{2} \leq \Delta x \leq 0 \end{cases}$$

根据几何光学原理，黑白光栅透光处的光强等于该位置的入射光强（忽略光在金属编码盘高反射区上的反射损失），因此，可设变换函数为：

$$T(x-\Delta x, \ y)=\begin{cases} 0 & \text{在非透光区} \\ 1 & \text{在透光区} \end{cases}$$

如图 3-19，接收光阑内的平均光强 I_{50}（Δx）为：

$$I_{50}(\Delta x)=\frac{nS_d}{LH}I=\begin{cases} \dfrac{nI}{L}\left(\Delta x+\dfrac{d}{2}\right) & -\dfrac{d}{2}\leq\Delta x\leq 0 \\[3mm] \dfrac{nI}{L}\left(-\Delta x+\dfrac{d}{2}\right) & 0\leq\Delta x\leq\dfrac{d}{2} \end{cases}$$

如图 3-19，光敏元件受光照后输出的光电流 i（Δx）为：

$$i(\Delta x)=\begin{cases} npHI\left(\Delta x+{d}/{2}\right) & -{d}/{2}\leq\Delta x\leq 0 \\[3mm] npHI\left(-\Delta x+{d}/{2}\right) & 0\leq\Delta x\leq{d}/{2} \end{cases}$$

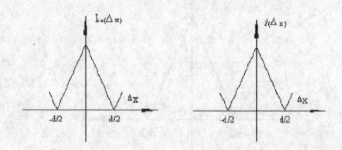

图 3-19　I_{50}（Δx）、i（Δx）随 Δx 变化情况（图片来源：传感器与检测技术）

光电信号为三角波，展开成傅立叶级数后，看到只有奇次谐波，实际应用中，当光栅较粗时能观察到三角波信号。

（二）反射式双光栅光电读数系统设计与分析

通常人们把光栅光电转换装置称作光电读数头或读数机构，在此运用系统的概念，把双光栅光学系统及其光电转换作为一个系统来处理，称其为双光栅光电读数系统。

1. 反射式双光栅光电读数系统结构的设计

利用光栅莫尔条纹进行光电测量，关键在于光栅读数系统。光栅读数系统的作用是将光栅信号转换为电信号，此电信号作为原始信号供给计数电路和细分电路工作，最终实现高精度角度测量。光电读数系统所获取原始光电信号的质量已成为提高光电轴角编码器精度的关键所在，光电读数机构成为编码器的心脏部件，因此，该系统结构的优化设计尤其重要而关键。

该反射光电读数系统的输入为光栅位移 Δx。经系统变换输出随位移而变化的电压信号 $U(\Delta x)$。如图 3-20 所示，光源 1 发出的光线经准直 2 后成为平行光 I_i (x, y)，平行光经过静光栅 3（指示光栅）和动光栅 4（编码盘）调制，输出随相对位移 Δx 变化的调制光束 $I_0(x-\Delta x, y)$，调制光束投射到光敏元件 5 上，经过光敏元件转换输出光电流信号，然后，经取样电阻得到输出电压信号。

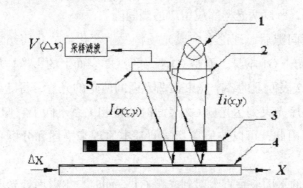

1——红外发光二极管；2——聚光系统；3——指示光栅；

4——反射式编码盘；5——红外光敏器件

图 3-20　反射式光栅光电读数系统结构（图片来源：传感器与检测技术）

2. 光电读数系统分析

如图 3-20 所示系统中，通常设平行光的光强（或单位面积上的光功率）$I_i(x, y)$ 为常数 I（而实际上 $I_i(x, y)$ 并不为常数），即设：

$$I_i(x, y) = I$$

又设编码盘和指示光栅的相对位移 Δx 和入射光的变换函数为 $I_0(x-\Delta x, y)$，则设光栅输出的调制光束光强 $I_0(x-\Delta x, y)$ 为：

$$I_0(x-\Delta x, y) = I \cdot T(x-\Delta x, y)$$

光敏元件受光照后输出的光电流 $i(\Delta x)$ 与接受光功率成正比（在线性响应区），设光敏元件的光功率—光电流转换比例系数为 ρ，而接收的光功率为光强 $I_0(x-$

Δx，y）对接收光敏面积的积分，，或等于接受光阑面积 S 乘以接收光敏面内的平均光强（单位面积上的平均光功率）$\bar{I}_0$（Δx），则有：

$$\bar{I}_0（\Delta x）= \frac{1}{S} \int_S I_0(x - \Delta x, y)dxdy$$

$$\bar{I}_0（\Delta x）= pS\bar{I}_0（\Delta x）$$

图 3-20 中仅画了简单的接收光阑，可以是光敏元件或者较复杂的光阑。光电流 i（Δx）经电路转换（加一采样的负载电阻 R）为电压信号 U（Δx）：

$$U（\Delta x）= pS\bar{I}_0（\Delta x）$$

3. 光电读数系统光栅副间隙与菲涅尔焦面

在反射式光电编码器中，两块光栅（主光栅和指示光栅）不可能叠合放置，它们之间因为旋转运动需要存在间隙。若两光栅间的间隙过小，会因机械误差而擦伤光栅刻划面，所以两光栅间应留出适当间隙。

两光栅间有间隙后，理论上合成光场将发生变化。从几何光学角度，与光栅 G2 叠合的不是光栅 G1 本身，而是 G1 投射到 G2 表面上的影像；从光学衍射干涉角度，入射到 G2 表面上的各个光束在两光栅间所走的光程，将随衍射序的不同而发生变化，即各序光束到达光栅 G2 表面时的位相关系不同于它们离开光栅 G1 表面的位相关系。因此，可以按信息光学的基本原理来描述和分析有间隙时的调制光场。

当单位振幅的平面波垂直入射到光栅 G1 表面时，出射面处光场描述为：

$$T_1(x, y, 0) = \sum_{n \to \infty}^{\infty} C_n \exp\left[j \frac{2\pi}{P_1} x \right]$$

根据傅立叶光学原理，若任意一光瞳平面上的复场分布做傅立叶分析，那么各个空间频率分量可以看作是沿不同方向传播的平面波；若以 $\cos\alpha$、$\cos\beta$、$\cos\gamma$ 代表第 n 级平面波对 X、Y、Z 三个坐标轴的方向余弦，用 U_n 表示相应级次的幅度，透过光栅 G1 的平面波列方程为

$$T_1(x, y, z) = \sum_{n \to \infty}^{\infty} U_n \exp\left[j \frac{2\pi}{\lambda}(x\cos\alpha_n + y\cos\beta_n + z\cos\gamma_n) \right]$$

现考虑 z = 0 这个特定平面，即光栅 G1 的出射面，对比它的傅立叶分解式及波列方程，有如下关系：

$$U_n = C_n, （2\pi/\lambda）\cos\alpha_n = n2\pi/P_1, （2\pi/\lambda）\cos\beta_n = 0$$

由此得 $cos\,\alpha_n = n\lambda/P_1$；$cos\,\beta_n = 0$。直角坐标系中，$zcos\,\gamma$ 不是独立的，应满足 $cos^2\alpha + cos^2\beta + cos^2\gamma = 1$ 的条件，即 $cos\,\lambda_n = [1 - (n\lambda/P_1)^2]^{1/2}$。

于是，G1 光栅后面的平面波列方程是：

$$T_1(x, y, z)\sum_{n\to\infty}^{\infty}C_n\exp\left\{j\frac{2\pi}{\lambda}\left[\frac{n\lambda}{P_1}x + \sqrt{1 - \left(\frac{n\lambda}{P_1}\right)^2}\,z\right]\right\}$$

$$= \sum_{n\to\infty}^{\infty}C_n\exp\left[j\frac{2\pi}{P_1}nx\right]\bullet\exp\left[j\frac{2\pi}{\lambda}z\sqrt{1 - (n\lambda/P_1)^2}\right]$$

显然，平面波列的传播效应只改变各个谐波分量的相位。这是由于各个分量沿不同角度方向传播，它们到达给定观测点所走的光程各不相同，因而引入了相对相位延迟。也即，在离开 G1 光栅出射面距离为 t 的平面上，其光场分布等于出射面上场分布与距离位相因子的乘积。

同理，可以得到 G2 光栅反射后平面波波列方程。

如上所述，光栅副间隙将使平面波列引入一个相位因子 $\exp\left[j\frac{2\pi}{\lambda}t\sqrt{1 - \left(\frac{n\lambda}{P_1}\right)^2}\right]$。由于传播分量应满足 $\left(n\lambda\big/P_1\right)^2$ 远小于 1 的条件，

因此复指数的平方根项可按幂级数展开为：

$$\left[1 - \left(j\frac{n\lambda}{P_1}\right)^2\right]^{1/2} = 1 - \frac{1}{2}\left(\frac{n\lambda}{P_1}\right)^2 - \frac{1}{8}\left(\frac{n\lambda}{P_1}\right)^4 - \frac{1}{16}\left(\frac{n\lambda}{P_1}\right)^6 - \cdots$$

展开式的前两项，则表征间隙影响程度的位相项近似等于

$$\exp\left[j\frac{2\pi}{\lambda}t\sqrt{1 - \left(\frac{n\lambda}{P_1}\right)^2}\right] \approx \exp\left\{j\frac{2\pi}{\lambda}t\left[\frac{1}{2}\left(\frac{n\lambda}{P_1}\right)^2\right]\right\}$$

$$= \exp\left[j\frac{2\pi}{\lambda}t\right]\exp\left[-j\frac{2\pi}{\lambda}\left(\frac{n\lambda}{P_1}\right)^2\frac{t}{2}\right]$$

由上式可知，位相延迟项包括两个因子：一个仅与间隙量 t 有关，另一个与间

隙量 t 及衍射序 n 均有关。而关心的是各个分量间的位相关系变化，即只考虑后一个因子。可见，当 t 满足 $t_n = \dfrac{2P_1^2}{\lambda} \cdot \dfrac{1}{n^2}$ 时，在光栅 G2 的入射面上将再现 n 序光在光栅 G1 出射面上的位相关系。在 t_n 的 n^2 倍位置上，任何序号光束对于零序光的位相关系均能得到再现。

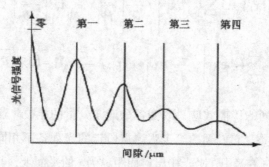

图 3-21　菲涅尔焦平面（图片来源：机械制造检测技术手册）

理论上，泰伯像是周期重复的，如图 3-21，各序像面对于光栅的距离可表示为：

$$t = N \cdot \frac{2P_1^2}{\lambda}$$

式中 N——像面或焦面序数。

结论：若将光栅 G2 安置在由上式确定的位置上，如两光栅直接叠合一样，均能获得清晰的莫尔条纹。

在推导菲涅尔焦面位置的数学表达式时，略去了相位因子的高次幂，由此造成的积累相位误差（或成为估算误差）为：

$$\Delta \phi n = \frac{2\pi}{\lambda} \left[\frac{1}{8} \left(\frac{n\lambda}{P_1} \right)^4 \right] t = \frac{\pi}{4} \left(\frac{\pi}{P_1} \right)^2 n^4$$

由此可知，从 G1 光栅到达菲涅尔焦面处时，各分量的相位改变量与其序数的四次方成正比。如果忽略光栅高序分量的幅值，在菲涅尔焦面上就得不到光栅 G1 的清晰像。这时，应使两光栅间隙量由名义值调整为 t ± Δt，使 n 序波的调整相位差 $\delta \phi_n$ 的影响，而对于低序波（尤其是基波），因间隙微小变化引起的位相差改变较缓慢，只要 Δt 控制得当，便不会超出许可范围。理论上最佳像面位置应在间隙名义值附近寻找。

目前，计量光栅栅距一般约为 P = 30λ ～ 120λ，相当于每毫米 8 ～ 100 对线，此时相位误差（0.1760° ～ 0.0440°）。

第三节　基于莫尔条纹的高精度位移测量方案

一、光栅莫尔条纹产生原理

（一）光电轴角编码器简介

1874 年英国科学家瑞利首次提出将光栅莫尔条纹应用于微小位移检测的可能性，为计量光栅的发展奠定了理论基础。

光电轴角编码器，又称光电角位置传感器。它以高精度计量圆光栅为检测元件，通过光电转换，将输入的角位置信息转换成相应的数字代码，完成角度的测量。光栅编码器是学科综合性较强的高新技术产品，它集成了计算机、电子、控制、机械、光学、现场总线等领域的先进技术，充分体现了电子、光学技术与其他学科相互交叉和渗透的趋势。光电轴角编码器具有精度高、体积小、抗干扰能力强、使用寿命长等优点，因此广泛应用在光电经纬仪，大型雷达，天文望远镜，机器人控制等军事及民用领域。

光电编码器主要由光源、码盘、狭缝、主轴和光电元件组成。

当编码器主轴带动码盘转动时，码盘和狭缝相对运动产生莫尔条纹。光电元件将光信号转变为电信号，通过处理电路放大后形成了莫尔条纹光电信号。再经过电子学倍频，译码处理，即可将角度信息数字化，实现角度的测量与显示。

根据代码形成方式的不同，光电轴角编码器可以分为增量式和绝对式两种。绝对式编码器码盘对应每一个分辨率区间有唯一的编码，对应每个角位移有唯一的输出。绝对式编码器具有固定的编码，因而掉电重启无须重新定标零位，无累计误差，抗干扰能力强。但码盘工艺复杂，价格高，不易实现小型化。增量式编码器则是对应每一个分辨率输出一个脉冲信号，计数器对脉冲计数，计算出相对于基准零位的角位移。增量式编码器体积小，结构简单。但掉电重启后，数据丢失，误差易累积。

近年来又产生了准绝对式编码器，在增量式编码器码盘上增加了固定零位，因而也具有了某些绝对式编码器的优点。

（二）光栅莫尔条纹光电信号误差分析

由于光栅制造误差、光源质量、机械结构和安装误差等因素的影响，同时光电转换和处理电路部分也存在误差，因此得到的莫尔条纹光电信号并非理想情况下的正弦信号。描述莫尔条纹光电信号的主要性能指标为：正弦性、正交性、等幅性、稳定性、对比度。

正弦性指理想情况下莫尔条纹光电信号应为正弦信号,但是实际由于各种因素,光电信号为基波上叠加了高次谐波的叠加波形,如式(3-1)。

$$U = U_o + \frac{1}{2}U_m \sin\left(\frac{2\pi x}{p}\right) + \triangle U(x) \tag{3-1}$$

$$\triangle U(x) = \sum_{i=2}^{N} \frac{1}{2}U_m(i)\sin\left(\frac{2\pi i}{p} + \varphi_i\right) \tag{3-2}$$

U(x)即为各次谐波,U_0为光电信号叠加的直流电平,U_m为信号幅值,x为光栅位移,p为光栅栅距。由于谐波的存在,光电信号不再为理想正弦信号,最大波动为:

$$\triangle U = \sum_{i=2}^{N} \frac{1}{2}U_m(i)$$

正交性是指两路相位相差90°的正余弦信号由于误差,相位相差不再是90°,而是为90°+a,a即为正交误差,两路信号的李沙育图不再为正圆。此时,最大插补误差为:

$$\Delta \phi \approx \pm a/2\ ((U_{ma}/U_{mb})-1)$$

等幅性则是两路信号的电压幅值U_{ma}、U_{mb}应相等。否则,其中最大插补误差为:

$$\Delta \zeta_v \approx \pm 1/2 \times ((b/a)-1)$$

以角度计算时,最大插补误差的相对值为:

$$\Delta X_v/A = (T/2\pi) \times \Delta \zeta_v \approx (T/4\pi) \times ((b/a)-1)$$

稳定性是指光电信号中没有剩余的直流分量,若有直流分量 e 存在,则最大插补误差为:$\Delta y \approx \pm \sin^{-1}e$,当 e 很小时,为 $\Delta y \approx \pm e$。

若倍频数一定时,通常要求两路信号的正交差 a≤0.72°,幅值差 [(b/a)-1]≤1.2%,剩余直流分量 e≤0.6%。

二、非线性跟踪微分器理论

通过上文分析可知,编码器莫尔条纹光电信号不可避免地存在各种噪声,所以莫尔条纹光电信号进行计算处理前,需要将其进行滤波处理。为了得到原始信号的最佳逼近,提出了经典的两种滤波器:维纳滤波器和卡尔曼滤波器。维纳滤波器涉及测量数据的功率谱等一系列繁杂的计算,在实际中几乎无法使用;卡尔曼改进了维纳滤波的算法，采用递推计算的方法使其计算起来更加方便，因此他提出的卡尔曼滤波成了工程实践中广泛使用的一种滤波方法。但卡尔曼滤波的计算量依旧较大，因此本文参考不同的滤波方法，选取了非线性跟踪微分器进行滤波。

在自动控制和信号处理等领域，通常需要提取信号的微分信号。而直接对信号进行微分运算，也就是对信号进行后向差分，则会放大随机误差，无法得到满意的效果。为了消除误差，对信号进行滤波，又会带来不可避免的相位延迟，这是某些控制系统无法允许的，会极大地降低控制系统稳定性。为了解决上述问题，韩京清研究员提出了非线性跟踪微分器（NTD）理论。NTD可以从带随机噪声的信号中提取测量信号及其微分信号，并用积分运算代替了微分运算，从而具有较强的抑制噪声的能力，在工程中得到了广泛的应用。

（一）非线性跟踪微分器原理

输入一个信号 $v(t)$，可以得到 $x_1(t)$ 和 $x_2(t)$ 两个输出信号，前者跟踪输入信号 $v(t)$，后者则可作为 $v(t)$ 的近似微分信号。设系统为：

$$\begin{cases} z_1(t) = z_2(t) \\ z_1(t) = f(z_1(t), \ z_2(t)) \end{cases}$$

若上式的任意解满足 $z_1(t) \to 0$、$z_2(t) \to 0$（$t \to \infty$），则对任意有界可积函数 $v(t)$ 和任意常数 $T > 0$，$R \geq 0$，则有：

$$\begin{cases} x_1(t) = x_2(t) \\ x_2(t) = R_2 f(x_1(t) - v(t), \ x_2(t)/R) \end{cases}$$

其中上式中的解满足：

$$\lim \int_0^x |x_1(t) - v(t)| d(t) = 0$$

选择适当的非线性函数 f，使系统渐近稳定，则系统状态 $x_1(t)$ 的平均收敛于输入信号 $v(t)$。由于 $x_2 = \dot{x}_1$，则 $x_2(t)$ 弱收敛于 $v(t)$ 的广义导数 $v`(t)$。

（二）非线性跟踪微分器的离散化

由最速综合函数 fst 的具体表达式，采用等时区法推导出了离散形式的非线性跟踪微分器，使NTD得以编程实现，在实际工程中得以应用。具体形式如下：

$$\begin{cases} x_1(k+1) = x_1(k) + h * x_2(k) \\ x_2(k+1) = x_2(k) + h * fst(x_1(k) - v(k), \ x_2(k), \ r, \ h_1) \end{cases} \tag{3-3}$$

上式中最速综合函数表达式为：

$fst(x1(k)-v(k), x2(k), r, h_1)=-r*sat(g(k), \delta)$

其中各表达式为：

$\delta = h_1*r$

$\delta_1 = h_1*\delta$

$e(k) = x_1(k)-v(k)$

$y(k) = e(k)+h_1*x_2(k)$

$$g(k)=\begin{cases} x_2(k)+sign(y(k) * \dfrac{\sqrt{8r|y(k)+\delta^2|}-\delta}{2} & |y(k)|\geq \delta_1 \\ x_2(k)+\dfrac{y(k)}{h_1} & |y(k)|<\delta_1 \end{cases}$$

$$sat(x, \delta)\begin{cases} sign(x) & |x|\geq \delta \\ \dfrac{x}{\delta} & |x|<\delta \end{cases}$$

v 为输入信号，x_1 为跟踪信号，x_2 为 x_1 的导数，近似为 v 的导数。h 为步长，r 为速度参数，影响跟踪速度。h_1 为滤波参数，越大滤波效果越好，但会相应增大相位延迟。可以看出，适当调节 h, h_1, r 三个参数可以使离散非线性跟踪微分器快速的跟踪输入信号，抑制噪声，同时给出良好的微分信号。

（三）非线性跟踪微分器相位延迟的抑制

由于非线性跟踪微分器存在相位延迟的缺点，本文采取预报的方法进行相位补偿。将跟踪信号加上微分信号与预报步长的乘积作为输入的逼近。

$$x = x_1 + r_1*h * *x_2 \tag{3-4}$$

式中 x 为补偿后的逼近信号，$r1$ 为预报步长，$*$ 表示卷积运算符号。

非线性跟踪微分器近年来获得了较大发展，发展出多种形式的新型跟踪微分器。如高稳快速非线性—线性跟踪微分器、高精度快速非线性离散跟踪微分器、反正切形式跟踪微分器、全程快速非线性跟踪微分器等，极大地扩展了其在实际工程应用的范围。

三、莫尔条纹精密测速方法

根据上述内容可知，理想情况下，光电编码器码盘转动产生的莫尔条纹经过光电二极管转换，再通过放大电路滤波放大后得到的四路正弦信号即为莫尔条纹光电信号：

$$U_a = U_0 + U_m \sin\left(\frac{2\pi x}{p}\right) \tag{3-5}$$

$$U_a = U_0 - U_m \sin\left(\frac{2\pi x}{p}\right) \tag{3-6}$$

$$U_b = U_0 + U_m \cos\left(\frac{2\pi x}{p}\right) \tag{3-7}$$

$$U_b = U_0 - U_m \cos\left(\frac{2\pi x}{p}\right) \tag{3-8}$$

式中：U_a，U'_a，U_b，U'_b 为编码器输出的 4 路正余弦信号，经差分后得到：

$$U_1 = U \sin\left(\frac{2\pi x}{p}\right) \tag{3-9}$$

$$U_2 = U \cos\left(\frac{2\pi x}{p}\right) \tag{3-10}$$

由式（3-9）、（3-10）可知，差分后的两路信号中包含了编码器的位移 x，也就是编码器当前的位置。编码器理想的两路正余弦信号如图 3-22 所示。

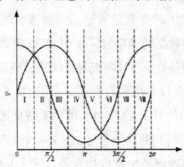

图 3-22　理想莫尔条纹输出的光电信号（图片来源：机械制造检测技术手册）

以一路正弦信号为例，通过对其进行连续采样，即可得到电压 U_1。但考虑到正余弦函数不是单值函数，同时消去信号幅值 U，只保留位移 x，所以将（3-9）、（3-10）式相除，得到 $\dfrac{U_1}{U_2} = \tan\left(\dfrac{2\pi x}{p}\right)$。当 $\pi/4 \leq x < 3\pi/4$ 和 $5\pi/4 \leq x < 7\pi/4$ 时，正切幅值过大造成溢出，此时令 $\dfrac{U_1}{U_2} = \cot\left(\dfrac{2\pi x}{p}\right)$，由此得出位移 x。在实际应用中，为了简化计算，只计算反正切的数值，位移 x 在不同区间内的求解公式见式（3-11）。

$$x = \begin{cases} \dfrac{p}{2\pi}\arctan\left(\dfrac{U_1}{U_2}\right) & 0 \leq x < \pi/4 \\[2mm] \dfrac{\pi}{2} - \dfrac{p}{2\pi}\arctan\left(\dfrac{U_2}{U_1}\right) & \pi/4 \leq x < \pi/2 \\[2mm] \dfrac{\pi}{2} + \dfrac{p}{2\pi}\arctan\left(\dfrac{U_2}{U_1}\right) & \pi/2 \leq x < 3\pi/4 \\[2mm] \pi - \dfrac{p}{2\pi}\arctan\left(-\dfrac{U_1}{U_2}\right) & 3\pi/4 \leq x < \pi \\[2mm] \pi + \dfrac{p}{2\pi}\arctan\left(\dfrac{U_1}{U_2}\right) & \pi \leq x < 5\pi/4 \\[2mm] \dfrac{3\pi}{2} - \dfrac{p}{2\pi}\arctan\left(\dfrac{U_2}{U_1}\right) & 5\pi/4 \leq x < 3\pi/2 \\[2mm] \dfrac{3\pi}{2} + \dfrac{p}{2\pi}\arctan\left(-\dfrac{U_2}{U_1}\right) & 3\pi/4 \leq x < 7\pi/4 \\[2mm] 2\pi - \dfrac{p}{2\pi}\arctan\left(-\dfrac{U_1}{U_2}\right) & 7\pi/4 \leq x < 2\pi \end{cases} \tag{3-11}$$

由式（3-11）可以计算得到编码器当前的位移 x。

这里将绝对式编码器输出的光电信号输入到测速系统采样部分进行采样。然后将采样得到的数据输入到数据处理部分，采用 NTD 理论进行滤波后计算编码器位移。再利用 NTD 的微分的特性，通过两级 NTD 级联分别得到速度与加速度信息。

由以上内容可知，式（3-11）得到的位移 x，作为式（3-3）中的输入信号 v 代入到式（3-3），得到的输出信号 $x_2(k+1)$ 即为系统速度。再将得到的速度作为输入再次代入到式（3-3），得到的输出信号 $x_2(k+1)$ 即为得到的系统加速度。为了减小相位延迟，得到的速度及加速度信息通过式（3-4）进行相位补偿，到达实时测速的目的。

第四节　基于莫尔条纹的精密测速方法

一、光栅位移测量系统中莫尔条纹法的测量原理

光栅测量系统以光栅作为测量基准，通过前端光路结构将位移信息加载到光信号上，对干涉之后的莫尔条纹信号进行光电转换，然后再配以后续的信号计算处理，以得到纳米级分辨率的光栅位移量。本章主要对光栅位移测量系统的基础理论进行分析。

（一）基本衍射干涉的测量原理

光波在传播的过程中，如果遇到障碍物，就会偏离原来的传播方向，进入障碍物的影区中，并且在几何影区和照明区内形成分布不均匀的光强。这种现象即为光的衍射。

衍射现象分为菲涅耳衍射和夫琅禾费衍射两种。前者是观察屏与衍射屏距离不是太远的时候观测到的衍射现象，而后者是光源和观察屏距离衍射屏均相当于无限远时观察到的衍射现象。由于夫琅禾费的计算相对而言比较简单，在光学成像理论与现代光学中有着特别重要的意义。

使用细光栅的光路系统一般都满足夫琅禾费衍射原理。随着光栅线密度逐渐增大，栅距相应减小，衍射现象也更加明显。此时，莫尔条纹不仅由不透光遮光作用形成，还受到各级衍射光束的干涉的影响。

以反射单光栅为例，分析光栅的衍射方程。当平行光束以入射角 i 斜入射到反射光栅上，如果需要考察的衍射光与入射光分别位于法线的两侧，如图 3-23 所示。光束到达光栅表面时，光束 R1 比相邻的 R2 超前 $d\sin i$；而离开光栅表面时，R2 比 R1 超前了 $d\sin\theta$。此时，两束相邻光的光程差为：

$$D = -d\sin i - d\sin\theta \qquad (3\text{-}12)$$

如果需要考察的衍射光与入射光在光栅法线的同一侧，如图 3-24 所示，则离开光栅时 R1 比 R2 超前了 $d\sin\theta$。此时，两束相邻光的光程差为：

$$D = -d\sin i + d\sin\theta \qquad (3\text{-}13)$$

所以，光栅方程的普遍形式为：

$$d(\sin i \pm \sin\theta) = m\lambda \quad m = 0,\ \pm 1,\ \pm 2,\ \cdots$$

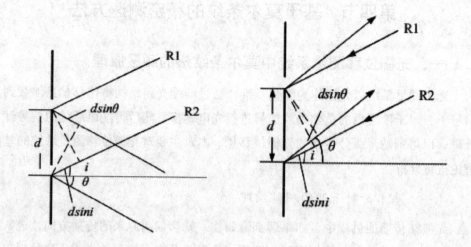

图 3-23　衍射光与入射光位于法线两侧　　图 3-24　衍射光与入射光位于法线同侧

（图片来源：现代通信光电子技术基础及应用）（图片来源：现代通信光电子技术基础及应用）

　　当衍射光与入射光在法线同一侧时（如图 3-24），上式取正号；当衍射光与入射光在法线两侧时，上式取负号。同理可以证明此光栅方程对透射光栅同样适用。

　　（二）多普勒频移理论

　　1842 年，奥地利科学者多普勒发现任何形式的波在传播过程中，当波源与接收器发生相对运动时，频率都会发生变化，多普勒频移理论因此得名。由于多普勒效应的精度高、线性好、反应速度快，所以被广泛应用于光栅位移测量中。

　　频率为的光源 S 以速度 v 相对观察者运动，运动方向与光传播方向成角，如图 3-25 所示。由多普勒效应，观察者 Q 接收到的光的频率可以表示如下：

$$f_1 = f_0 \left(1 - \frac{v^2}{c^2}\right)^{\frac{1}{2}} \bigg/ \left(1 - \frac{v}{c}\cos\theta\right) \approx f_0 \left[1 + \left(\frac{v}{c}\cos\theta\right)\right] \tag{3-14}$$

　　式中，c——光在介质中的传播速度。

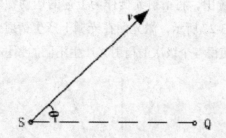

图 3-25 多普勒频移（图片来源：现代通信光电子技术基础及应用）

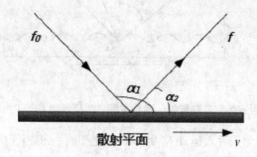

图 3-26 双重多普勒频移（图片来源：现代通信光电子技术基础及应用）

在激光测量中，光源和观测者相对静止，关心的是运动物体散射光的频率变化。这种情况下，需要进行双重多普勒频移处理，即分两段研究，先考虑光从光源到达运动物体，再考虑运动物体到观测者的频移。如图 3-26 所示，当光入射到运动物体的时候，发生第一次频移，散射后发生第二次频移，频率变为：

$$f = f_0 \left(1 + \frac{v\cos\alpha_1}{c}\right)\left(1 + \frac{v\cos\alpha_2}{c}\right)$$

$$= f_0 \left[1 + \frac{v}{c}(\cos\alpha_1 + \cos\alpha_2) + \frac{v^2}{c^2}\cos\alpha_1\cos\alpha_2\right]$$

（3-15）

式中，α_1——入射光与运动物体移动速度夹角。

α_2——散射光与运动物体移动速度夹角。

因为 $v < c$，所以高次项可以忽略，则频移 Δf 可以表示为：

$$\triangle f = f_0 \frac{v}{c}(\cos\alpha_1 + \cos\alpha_2)$$

（3-16）

在光栅位移测量系统中，将衍射光栅作为上述的运动物体，其工作面作为运动物体的散射面。如图 3-27 所示，激光照在光栅上产生衍射光，当光栅移动时，就会产生多普勒效应，使得各个级次的衍射光产生不同的频移。

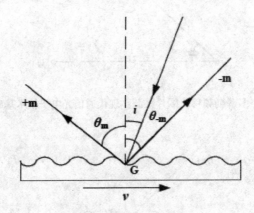

图 3-27　衍射光的多普勒频射（图片来源：现代通信光电子技术基础及应用）

当激光器入射角 i 射入运动速度为 v 的光栅时，相当于光源以 vsini 的速度远离光栅。依据多普勒效应，此时在光栅表面 G 处观测到的光频率变为：

$$f_G = f_0\left(1 + \frac{v\sin i}{c}\right) \qquad (3\text{-}17)$$

式中，c——介质中光速。衍射光从光栅表面出射时，相当于光源沿出射方向以 vsin θ 的速度靠近光栅，各级次衍射光对应的频率为：

$$f = f_G\left(1 + \frac{v\sin \theta_m}{c}\right) \qquad (3\text{-}18)$$

式中，m——衍射光级次；θ_m——第 m 次衍射光的衍射角。

由式（3-17）和（3-18）可以得到：

$$f = f_0\left(1 + \frac{v\sin i}{c}\right)\left(1 + \frac{v\sin \theta_m}{c}\right) = f_0\left[1 + \frac{v}{c}\left(\sin i + \sin \theta_m\right) + \frac{v^2}{c^2}\sin i \sin \theta_m\right]$$

忽略高次项 θ_{-m}，将 v = λf 代入，可得：

$$\triangle f = \frac{v}{\lambda}\left(\sin i + \sin \theta_m\right) \qquad (3\text{-}19)$$

代入光栅方程，可推导出衍射光栅的多普勒频移为：

$$\triangle f = \frac{mv}{d}$$

　　由上式，可得出结论，衍射光栅的多普勒频移与光栅的运动速度以及光的衍射级次成正比，与光栅常数成反比，与入射角和入射光的波长无关。

　　（三）衍射光干涉理论

　　光的干涉是指两个或多个光波在某个区域重叠时，合成光强并不是各个光波光强的简单叠加，而是在重叠的区域出现稳定强弱分布的现象。

　　1. 经典干涉原理

　　光波作为一种电磁波，在各向同性的介质中，其电矢量方向与光传播方向始终垂直。光的干涉理论正是基于电磁波的线性叠加原理进行分析的。

　　按照叠加原理，两个或多个光波在相遇点处的合振动是各个波产生的振动的矢量和，可用数学公式表示：

$$E = E_1 + E_2 + \ldots = \sum_n E_n$$

　　式中，E_1，E_2，$\cdots$为各个光波单独在相遇点处产生的电场，E为合电场。频率为ω，具有固定初始相位的两个单色光波可以表示成：

$$E_1 = a_1 \exp[j(k_1 \cdot r - \omega t + \phi_1)]$$
$$E_2 = a_2 \exp[j(k_2 \cdot r - \omega t + \phi_2)]$$

　　式中，r——场点的位置矢量；k——波矢量；ϕ_1，ϕ_2——两光波的初始相位。则叠加后的电场为：

$$E = E1 + E2 = A\cos(\omega t + \phi)$$

　　其中，

$$A_2 = a_1 + a_2 + 2a_1 a_2 \cos(\phi_2 - \phi_1)$$

$$\varphi = \arctan \frac{a_1 \sin \varphi_1 + a_1 \sin \varphi_2}{a_1 \cos \varphi_1 + a_2 \cos \varphi_2}$$

　　式中，a_1，a_2——两光波的振幅；A——合振幅。

　　由于光强度 I 正比与振幅的平方，在叠加区域的合成光强可以用复数形式的波函数乘以其共轭复数表示为：

$$A^2 = E \cdot E^* = (E_1 + E_2)(E_1{}^* + E_2{}^*)$$

　　当两电场振动方向相同时，可以推导出：

$$I = I_1 = I_2 = 2\sqrt{I_1}\sqrt{I_2}\cos\theta$$

　　式中：

$$\theta = (k_1 - k_2) \cdot r + (\phi_2 - \phi_1) \tag{3-20}$$

$I_1 + I_2$ 为合光强的直流量，后一项为干涉项，θ 为两光波的相位差。当初始相位差（$\phi_2-\phi_1$）恒定时，两光波相干，叠加点的光强由两光源到此点的光程差决定。由式（3-20）知，r 不同时，θ 变化，可以得到周期性变化的光强，即产生了干涉条纹。光强极大时对应亮条纹，极小时对应暗条纹。

2. 差频干涉原理

上面讨论的是频率相同的两束光的干涉情况，当频率不同但相差不大时，也可以产生干涉，称为差频干涉，也叫拍频干涉。

初始相角相同、振动方向相同、频率不同的两列波：

$$E_1 = a_1 \exp[j（k1 \cdot r - \omega 1t + \phi）]$$
$$E_2 = a_2 \exp[j（k2 \cdot r - \omega 2t + \phi）]$$

叠加后，合光强为：

$$A_2 = E \cdot E^* = (E_1 + E_2)(E_1{}^* + E_2{}^*) \tag{3-21}$$
$$= I_1 + I_2 + 2\sqrt{I_1}\sqrt{I_2}\cos[(k_1 - k_2)r + (\omega_1 - \omega_2)t]$$

那么，在波矢量传播方向上，干涉条纹的角频率为 $\omega_1 - \omega_2$。

在光栅位移测量系统中常常选用正负对称衍射级次的衍射光进行差频干涉。由式（3-21），可将两束衍射光表示成：

$$\omega_{+m} = \omega_0 + 2\pi \frac{mv}{d}$$

$$\omega_{-m} = \omega_0 - 2\pi \frac{mv}{d}$$

式中，m 为光栅衍射光的衍射级次。

对应的角频率之差为：

$$\triangle\omega = 4\pi \frac{mv}{d}$$

相位变化与光栅位移之间存在如下关系：

$$\triangle\phi = \frac{4\pi m}{d}s$$

所以当光栅移动一个周期时，相位变化 2π，莫尔条纹移动 2m 个周期。这样，就将位移信号倍频后，加载到了莫尔条纹信号上。

光在光栅的衍射面发生 n 次衍射时，则发生了相应次数的多普勒频移，此时，位移信号的倍频数为 2mn。

二、光栅位移传感器的编码方法

（一）常用的编码方法

目前，国内外主要有以下几种编码方法。

1. 增量式编码

增量式编码是由按一定比例刻制的透光与不透光刻线（或黑、白刻线）组成，通常黑、白刻线的宽度比为 1：1，它是产生莫尔条纹的基础。每对应一个黑、白刻线，输出一个增量脉冲，从而计数器对输出脉冲进行加减计数。该种编码方法之所以称为增量式编码，是因为它给出的是相对于基准零点的位置增量，无法给出绝对位置。增量式编码产生的莫尔条纹通过细分能够获得更高的位置精度和分辨率，决定了它在光栅测量中是一种必不可少的编码方式。但是，它存在累计误差、断电需重新"寻零"等缺点，为了弥补这些缺陷，通常在与增量码平行的码道上刻制一些绝对式编码刻线。于是，绝对式光栅尺出现了。

2. 自然二进制编码

自然二进制码又称恒权代码、不等权代码，是按照位数进行编码的，由二进制符号"0"和"1"组成，每一个二进制符号代表一位，通过读取码道上的编码便可知光栅尺的绝对位置，是一种绝对编码方法。这种编码方法是将编码尺平均分成 2n 等份，n 为编码位数，每一等份上刻制着均布于各个码道的二进制码，代表一个绝对位置。其中，码道在尺长方向上平行布置，码道个数与编码位数相等。这种编码方法的优点是组成的图案直观，编码、解码操作简单易行，可直接读取二进制数，无须转换便可得到位置信息。缺点是容易错码，即这种编码在进位时常常引起多个码位同时变化，若刻线有误差，会造成码道进位不一致，容易产生粗大误差。

3. 周期二进制编码

周期二进制编码又称格雷码、循环码、反射码，是德国科学家格雷提出的。周期二进制码是由自然二进制码经过逐位异或计算得到的，是二进制编码方法的一种变形。该种编码的特点是任何相邻的两个编码之间仅仅只有一个二进制码位发生变化，其余码位完全相同，不会产生粗大误差，可靠性较自然二进制码大大提高，但是刻线方式类似于自然二进制码，编码位数决定了码道个数。由于周期二进制码的各位数没有权值，不具有任何意义，因此，这种编码也称无权代码或等权代码。缺点是使用这种编码方法的光栅尺要增加测量范围或提高精度时，只能通过增加编码位数的方式，因此，码道个数也随着增加，不利于光栅尺的小型化；而且不能直接读数，书写和译码时需要与二进制数进行转换，但是译码方法简单，是目前应用最广泛的一种绝对编码方法。

4. 二十进制编码

二十进制编码又称"二进制编码的十进制"，简称 bcd 码。这种编码方法是将十进制数采用二进制的编码形式来表示，满十后向相邻高位进位的一种计数方法。二十进制码还有多种表示方法，常用的有 8421 码、余三码等。优点是编码简单，缺点是译码不方便。

5. 六十进制编码

这种编码方法是按照角度进位的方式来编码的，也称度、分、秒进制码。

6. 矩阵式编码

矩阵式编码方法是绝对式编码器最为常用的一种编码方法，它将整个圆周分成若干个刻有不同位数码道的扇形区间，通过若干个读数头读取电信号，经矩阵译码处理成二进制循环周期码。该种编码方法大大减少了码道个数，可实现绝对式编码器的小型化。但是这种编码器安装或轴晃动会造成码道间位置误差，且处理电路比较复杂。

7. 绝对码简码

绝对码简码的设计思路基于格雷码和 M 系列绝对码，兼顾了格雷码没有粗差和 M 系列绝对码单码道的特点。它由若干组基码组成，每组基码中包括滚动码和不能参加滚动的质码，滚动码在滚动循环过程中将产生不同的数，而质码滚动时会产生重复数，因此不能参与绝对码简码的设计。该种编码的特点是码道采用单码道结构，图形简单，容易刻制，极大缩小了光栅位移传感器的尺寸；但是提取信号时需要与狭缝配合，且绝对码简码位数决定了狭缝数和光电元件数，因此无法制作高位数的光栅位移传感器。

8. 距离码编码

距离码编码是由相距不同距离的距离码参考标记组成的，是介于增量式和绝对式之间的一种编码方法，因此又称准绝对式编码。应用该种编码方法的光栅位移传感器，工作时需要移动一小段距离才能确定绝对位置，这是距离码编码的不足之处。但是，这种编码方式刻线简单、可靠性高，除了增量码道外只有一个码道，有利于光栅尺的小型化，所以这种编码一直被广泛地应用着。

9. 位移连续编码

位移连续编码是一种位数相等、由 0 和 1 组成的编码，它的任何一个编码由前一个编码平移一位后在末位补一个"0"或"1"形成。例如，当前编码为 0110011010，去掉最左端的一个码位后变为 110011010，向左平移一位然后在最右端补上"0"或"1"就得到新的编码 1100110100 或 1100110101。这种编码算法的基本思想是：设 n 位编码的第一个编码是全 0 码，将其左移一位，去掉最左端的一位，然后在最右端补 0，检查补 0 后的新编码与前面的编码是否有重复，即新编码是否是重码。若不是重码，则得到新编码，然后继续左移编码。若是重码，则要将在最右端补 0 改为补 1，然后继续左移编码。如果补 1 后的新编码仍然是重码，则需要重新处理新编码的直接前驱位置编码。即前驱的末位如果是 0，则改为 1；如果是 1，则还需要处理当前码的直接前驱编码。如此往复进行左移编码直到 2^n 个编码全部产生为止。对于位长为 n 的编码，它的相邻两个编码有 n-1 位是相同的，最大编码范围是 2^n，具有编码唯一性。

随着我国制造业、自动控制等行业的发展，对光栅位移传感器的小型化、智能化、集成化，特别是小型化的要求越来越迫切，而编码方法是制约光栅位移传感器小型化的众多因素中最为主要的一个。通过对以上编码方法进行研究和分析，综合考虑各种编码方法的优缺点，并在此基础上提出一种距离码编码和一种单码道绝对式编码——新型多段式距离码和伪随机复码绝对式编码。

（二）新型多段式距离码

带距离码参考标记的光栅尺在每次开启或复位时读数头在任意位置只要移动很短的距离就可以确定光栅尺的绝对位置。它的特点是码道少、电路处理简单、可靠性高。为了在测量过程中得到唯一的绝对位置，传统距离码确定绝对位置所需移动的距离（以下称"位置辨识分辨率"）会随着光栅尺量程的增加而增大，也就是说使用传统距离码编码的光栅尺越长，位置辨识分辨率越大，工作效率会降低。基于以上带距离码参考标记的光栅尺编码方式的不足，研究一种新型多段式距离码编码方式，可提高光栅尺测量范围的同时，大大提高位置辨识分辨率。

第四章　基于近场泰伯像的光栅位移检测及其应用

第一节　Talbot 效应

一、Talbot 效应的发现

早在 1836 年，H.F. 塔尔博特（H.F.Talbot）使用一个很小的白光光源照射衍射光栅时发现，在光栅的后面出现彩色的强度干涉图样，而且当观察平面与光栅的距离为某一长度的整数倍时，这些干涉图样的周期和结构与衍射光栅的完全相同，这种现象被称之为 Talbot 效应，而这个特定的长度也就被称为 Talbot 距离。Talbot 成像不需要借助其他的透镜，在沿着光的传播方向上每当距离为 Talbot 距离整数倍时，就会呈现出与物体周期结构相同的强度干涉图像，这是 Talbot 效应的鲜明特点。

实现 Talbot 效应的实验装置非常简单，以图 4-1 中的实验装置为例，光栅固定在 XY 平面内，入射光沿水平方向向右传播（Z 轴），衍射光束通过物镜后被 CCD 接收。这套简单的实验装置可以通过沿光传播的 Z 轴方向前后移动物镜来观测光栅后面不同距离处的干涉图像。

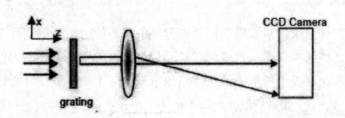

图 4-1　实现 Talbot 效应的实验装置图

（图片来源：二次谐波 Talbot 效应及双光栅 Talbot 成像的研究）

以一维线性光栅为例，光栅条纹沿 X 轴方向排列，沿 Y 轴方向是均匀的。光通过光栅后，经过物镜被 CCD 接收。通过在 Z 轴上前后移动物镜记录不同像平面上的干涉图像，我们就可以绘制出一张光场强度在 XZ 平面内的分布图。通过光栅后而光场强度分布图，我们就可以直观地看出 Talbot 效应的成像特性，不仅能直接读出 Talbot 距离，还可以看出一个 Talbot 距离内光场的演化过程。

二、Talbot 效应的自修复特性

自成像效应看似只是一个很简单的光学现象，其实它包含有更深层次的物理意义，正是这种简洁而又完美的效应，吸引了很多的科研人员对它不断地研究，时至今口，仍有一些物理现象未能得到完美的解释。Talbot 效应是一种典型的相干光干涉效应，这种现象与经典的数论有着深层次的关联，随着研究的深入，人们还发现 Talbot 效应与我们一些其他感兴趣的事情相关联，例如物理中的衍射极限和一些量子效应等。

说起自成像，让人最先联想到的就是"自"，顾名思义，Talbot 成像不需要借助其他的光学元件（lensless）就可以重复成像。Talbot 效应还有一个显著的特点，自成像的过程中可以修复缺陷。周期性物体的缺陷可以分为两类：一类是比较大的缺陷，例如周期性结构中缺失单元，另外一类是比较小的缺陷，例如周期上的细小偏差。

其中第一类缺陷是由科里（Cowley）和穆迪（Moodie）于 1957 年提出来的，在 1971 年达曼（Damman），格罗（Groh）和科克（Kock）也提出了这种类型的缺陷，1978 年卡列斯廷斯基（Kalestynski）和斯莫林斯卡（Smolinska）做了比较精确的实验并从理论上分析了这类缺陷对自成像的影响和自修复特点。由于在自成像平面上只有呈周期性排布的单元能够实现自成像，而非周期性的单元则不能实现自成像。因此这些非周期的单元或者说缺陷将会在自成像平面上形成所在区域的背景噪音。

周期性物体自成像对缺陷的恢复能力与所观察的区域中周期性单元的个数有关，当整个区域越大，参与自成像的单元越多，自成像的修复能力也就越强。这是由于在自成像平面上所形成的每个结构单元实际上都是周期性物体上全部单元相干涉叠加的结果。如果周期性物体上面一个单元被另外一种类型的单元所替换，上面有关自成像修复的理论也同样适用。

1978 年斯莫林斯卡（Smolinsky）和卡列斯廷斯基（Kalestynski）在另外一篇文章中以及 1980 年的斯米尔诺夫（Smirnov）和加尔珀恩（Galpern）都从理论上分析了周期性物体的另外一类缺陷，准周期性结构物体在周期上的偏差，并做了相关的实验。当一个物体存在周期上的偏差时，所得到的自成像的对比度随着物体上参与自成像的单元个数的增加而降低；而对第一类型缺陷的修复要求有更多的周期结构单元参与。所以与第一类型的缺陷不同，只有当参与成像的单元个数为某一最佳值时成像的质量最好，而不论高于或者低于这一值，成像效果都要变差。

三、Talbot 效应的应用

（一）多重成像

周期性物体的菲涅耳衍射光场的一个重要应用是多重成像（multiple image formation）。1973 年布林达尔（Bryngdahl）使用一个漫射光源经过一个物体后再照射一个布满周期性小孔的光栅。在这种情况下菲涅耳衍射光场中的场强分布可以描述为物体光源的强度函数与由一个点光源通过光栅后产生的光场强度分布函数的卷积形式。其中强度分布函数就相当于该成像系统的脉冲响应函数。因此，使用相干光源照明得到的自成像或者菲涅耳图像可以反映出来当使用非相干光源照明时的自由空间衍射光学系统的脉冲响应函数形式。

在 1986 年科洛德·齐奇克（Kolodzie Jczyk）从理论上分析了这类使用取样滤波器实现多重成像的方式。周期性针孔光栅就是一个取样滤波器，它的效果等效于一组汇聚透镜。这种等效现象很有实用价值，在一些特别的环境中如果没有办法使用折射透镜，就可以采取 Talbot 效应来代替透镜的作用。

（二）Talbot 干涉仪

Talbot 干涉仪如图 4-2 所示。G1 是阶梯状的振幅光栅，其空间频率为每微米数个周期甚至更高。使用相干平面光照射 G1，光栅的自成像由第二个光栅 G2 来检测，G2 光栅放置在 G 光栅的 Talbot 距离上。当入射光通过待检测的光学元件而发生了偏移或者一个相位型的物体被放置在了两个光栅之间时，第一个光栅在第二个光栅位置形成的干涉条纹的级次就会发生形变，G1 的自成像与 G2 条纹不再完全平行，从而产生出莫尔条纹等光学现象。Talbot 干涉仪可以用来检测光路的准直型以及光学元件的一些精密特性。

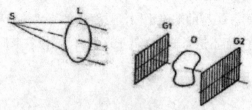

图 9 Talbot 干涉仪结构示意图

图 4-2　Talbot 干涉仪结构示意图

（图片来源：二次谐波 Talbot 效应及双光栅 Talbot 成像的研究）

1971 年洛曼（Lohmann）和西瓦（Sliva）做了下面一个简单的实验，他们在如图 4-2 所示的 Talbot 干涉仪的两个光栅之间放置了一支点燃的蜡烛，蜡烛的燃烧引起周围空气温度和密度的变化，从而导致周围空气的折射率发生了变化，点燃的蜡烛相当于一个相位型的物体。蜡烛的边缘部分条纹发生了扭曲。Talbot 干涉仪可以检测出这种微小的扰动。

（三）X 射线成像技术中的应用

X 光射线吸收成像技术在医学诊断和材料科学上是一种非常有力的技术手段。吸收成像技术靠的是样品各个部分对 X 光吸收率的不同而产生的对比度，但是对于一些比较薄的生物样品，高分子材料或者纤维复合材料，由于它们对 X 射线的吸收率很低，各个部分的吸收率相差不大，因此传统的 X 光射线的成像效果并不理想。硬 X 射线穿过这些物体时候发生的相移效果要比吸收效果来得更显著。利用相位的显著差异来提高成像的对比度为 X 射线成像技术带来了新的发展。为了克服传统的 X 射线成像的弱点，提高 X 射线相移成像的对比度，目前主要有以下几类方法：干涉方法、使用分析仪和自由空间传播的方法。这些方法实验设备各不相同，对 X 射线源的要求也不相同，都有各自的适用领域。

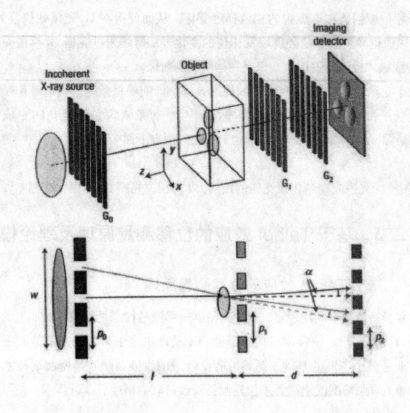

图 4-3　Talbot-Lau 型 X 射线成像干涉仪

（图片来源：二次谐波 Talbot 效应及双光栅 Talbot 成像的研究）

对于非单色的 X 射线源，巧妙利用 Talbot-Lau 效应的方法，通过设计出一套包含三个光栅的实验装置就能显著提高相差衬托的成像质量。Talbot-Lau 型硬 X 射线于涉仪的实验装置如图 4-3 所示。这是一套基于光栅的使用差分相位对比成像（differential phase-contrast，DPC）的实验装置。这套装置包括一个光源光栅 G_0，相位光栅 G_1 和一个吸收光栅 G_2，周期分别为 P_0，P_1 和 P_2。光源光栅 G_0 一般是一个一维结构的吸收型光栅，放置在紧贴着 X 光源电子管正极的后面，其作用是把 X 光源变成一列列单独相干但相互之间各不相干的光源。G_0 光栅缝宽的占空比要足够小以能保证每个子光源足够的空间相干性使得 DPC 成像能够实现。G_1 是一个相位型的光栅，起到光束分流器的作用（beam splitter grating），把入射光分离成两个不同的衍射级次，在光栅 G_2 处形成周期性的干涉条纹。G_2 起到检测器的作用（analyzer absorption grating），G_2 放置在 G_1 的第一个 Talbot 距离处。

相位型物体放置在 G_1 前面，它将使的入射光发生轻微的扭曲，扭曲的程度正比于相位型物体在该位置的相位梯度变化，从而使得在 G_2 光栅处位置处 G_1 的 Talbot 成像也发生局部的强度以及相位的变化。X 射线通过光栅 G_2 后被一个标准的 X 射线成像检测装置接收，记录物体所成的图像。

由于光源光栅 G_0 包含有大量的周期，每个周期的每条缝都可以看作是一个相干的线状子光源，为了保证光源光栅 G_0 产生的每条线状光源对于 DPC 成像都有充分的贡献，从实验装置的几何结构上，还应须有下面一个条件：

$$P_0 = P_2 \times l/d$$

其中 l 为光源光栅到相位光栅的距离，d 为相位光栅 G_1 到振幅光栅 G_2 的距离。

第二节　基于 Talbot 效应的位移测量原理及理论模型

一、基于 Talbot 效应的位移测量原理

位移量是最基本的物理量，其中高精度位移测量技术是精密机械加工的基础，应用场合极其广泛。位移测量传感器的测量精度决定了整个制造业的制造精度，而制造业是整个工业的基础，制约着各个领域的发展。随着精密制造技术不断发展，被加工对象精度的提高要求位移测量仪器具有高精度、高分辨率、高可靠性、大量程、小体积和低成

本的特点。科技发展使许多科研生产领域的操作对象尺度日益减小，测量和定位精度已经逐渐发展到纳米尺度：半导体工业发展日新月异，为全球经济发展提供了强劲动力，2006 年典型线宽为 100nm，定位精度为线宽的 1/3 ~ 1/4，据预测 2012 年左右 22nm 工艺即可应用，2020 年将达到 10nm 左右；在生物及医学领域，显微操作的对象已经从细胞发展到细胞内部，定位精度要求在纳米量级，操作步进已经达到亚纳米量级；在工业机器人领域，Fanuc 公司已经生产出分辨率为 1nm 的产品；航空航天领域更是要求高精度、高可靠性的代表行业，其对机械加工、测量精度的要求极其苛刻，很多方面都进入微纳尺度。

光栅是一种十分重要的光学元件。广义光栅是使入射光振幅或相位受到周期性调制的光学元件。只使振幅受到调制的光栅称为振幅光栅，只使相位受到调制的光栅称为相位光栅。使透射光受到调制的光栅称为透射光栅，使反射光受到调制的光栅称为反射光栅。一般所说的光栅通常指利用衍射效应对光进行调制的衍射光栅。

衍射光栅经常作为分光器件在光学上应用，例如：单色仪和光谱仪。实际应

用的衍射光栅一般是在平板的表面上制作沟槽或刻痕。苏格兰数学家詹姆斯·格雷戈里最早提出了衍射光栅原理，比牛顿棱镜实验的时间大约晚一年。1821年，德国物理学家夫琅禾费制成了公认的最早的人造光栅，那是一个用金属丝制作的非常简单的网格。衍射光栅一般是基于夫琅禾费多缝衍射效应原理工作的。

光栅节距是光栅位移测量技术的基准，利用光栅测量位移必须分析光栅系统中莫尔条纹的形成原理。从本质上说，莫尔条纹是光通过光栅副时衍射和干涉综合作用的结果。分析解释莫尔条纹形成机理的方法有很多，常用的有几何光学原理、衍射干涉原理、傅立叶光学原理、光学多普勒效应和半波相位差面原理。

理论分析方面，莫尔条纹形成的原因最早是利用几何光学原理解释，并推出了莫尔条纹方程。几何光学原理适用于栅距较大的黑白光栅系统，相对于衍射干涉理论，几何光学原理解释比较直观，容易理解。当光栅节距逐渐变小，小到与光波长同等量级时，光栅衍射现象变得十分明显，几何光学原理不能正确解释莫尔条纹的形成原理，此时必须从波动光学理论出发，用衍射干涉原理分析莫尔条纹的形成机理。

利用波动光学理论分析光栅的衍射特性，常用的方法主要有标量衍射分析和矢量衍射分析两种。标量衍射理论适用于衍射孔径比入射光波长大得多的情况，此时可以将光波近似成标量波，通过标量衍射理论进行分析，结果与实际情况十分符合。标量衍射分析的物理基础是标量形式的波动方程，一般分为球面波理论和平面波理论两种，球面波理论又称基尔霍夫理论，平面波理论又称角谱理论。根据近似程度的不同，基尔霍夫衍射理论又可以分为菲涅耳衍射理论和夫朗和费衍射理论。

随着光栅栅距的减小，当光栅栅距接近或小于光波波长时，标量衍射理论将不再适用，必须利用严格的矢量衍射理论。矢量衍射理论以麦克斯韦方程组和电磁场的边界条件为基础，从光波的矢量特性出发严格地进行分析。理论上讲，矢量衍射理论可以精确地求解任意结构的衍射问题。

积分法是矢量衍射理论中最早提出并得到数值结果的算法，但是由于积分法的数学模型十分复杂，数值求解时对内存及处理器要求很高，因而很难得到广泛的应用。随后出现的微分法，数学模型相对简单，对内存及处理器要求显著降低，在实际中得到了广泛运用。值得注意的是，虽然微分法数学模型相对简单，但却需要精确稳定的数值算法保证求解过程的收敛性，从而使得程序变得非常复杂，在分析深度较大的光栅时，许多算法会出现不收敛的情况。20世纪80年代，先后提出了模式法和耦合波法，二者都是将电磁场在位相调制区内展开，数学模型相对也很简单，但不同的是模式法将电磁场按模式展开，而耦合波法将电磁场按空间谐波展开。耦合波法可以直接分析得到各衍射级所对应的振幅系数，比模式法更直观。

（一）几何光学原理

1874 年，瑞利最早给出了莫尔条纹基本特性的描述。两块光栅接触放置，当刻线近似平行但存在一个小角 θ 时，会产生一组平行的条纹，条纹间距随夹角 θ 的减小而增大。当光栅之间相对移动时，莫尔条纹也相应移动。当光栅节距较大时，入射光波长入与光栅节距 d 相差悬殊，满足条件 d≥λ，衍射效应不明显，此时可以用几何光学遮光法方便直观地推导出莫尔条纹方程。

对于粗光栅形成的莫尔条纹，可以利用几何光学遮光阴影原理分析。如图 4-4、4-5 所示，两块粗光栅栅线以交角 θ 叠合，当光栅 G_1 的不透光部分叠在光栅 G_2 的透光部分中时，根据遮光原理，此时将没有光透过，形成莫尔条纹的暗带；而在两光栅 G_1G_2 的栅线交点联线上，光栅 G_1 的透光部分完全对准光栅 G_2 的透光部分，透光面积最大，形成条纹亮带；在亮带和暗带之间，光栅 G_2 的透光部分既不是完全对准光栅 G_1 的透光部分，也不是完全被光栅 G_1 的不透光部分所遮挡，透光程度介于暗带与亮带之间并按一定规律变化。于是莫尔条纹可利用两光栅栅线交叉点的轨迹分析确定。

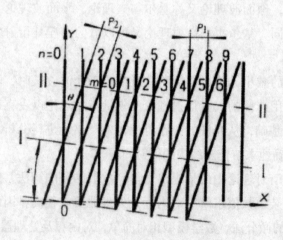

图 4-4　长光栅莫尔条纹

（图片来源：基于光栅衍射光干涉的位移测量技术研究）

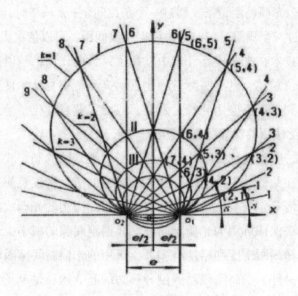

图 4-5　径向圆光栅的莫尔条纹

（图片来源：基于光栅衍射光干涉的位移测量技术研究）

在直角坐标系，建立光栅栅线方程，利用几何关系求解交点轨迹方程，可以得到长光栅和圆光栅莫尔条纹方程，为莫尔条纹的计量应用提供数学模型。利用长光栅莫尔条纹方程可以分析莫尔条纹的斜率和条纹间距等信息；利用圆光栅莫尔条纹方程可以分析径向辐射圆光栅莫尔条纹的圆心和半径等信息。以长光栅莫尔条纹为例，莫尔条纹具有以下特征：

1．如果光栅栅距为 d，两光栅刻线夹角为 θ，莫尔条纹间距为 W，当夹角 θ 很小时，近似有：

$$W \approx d / \theta$$

由式可以看出，莫尔条纹间距 W 是光栅栅距的 $1/\theta$ 倍，θ 角越小，放大倍数 $1/\theta$ 的值就越大，相当于得到栅线的放大像。

2．平均误差。莫尔条纹是由两块光栅的大量栅线共同形成的综合效应，通常包含几百条栅线，因此对个别栅线的某些误差（主要是偶然误差和小周期误差）有平均作用，能在很大程度上减小这些误差的影响。

3．数量上的对应关系。对于几何莫尔条纹有 1 ∶ 1 的对应关系，即两块光栅相对移过一个光栅栅距时，莫尔条纹恰好也移过一个条纹间距。对于衍射莫尔条纹有 1 ∶ n 的对应关系，n ＝ 1 为基波条纹，此时与几何莫尔条纹有相同的现象，两光栅相对移过一个光栅栅距,条纹移过一个条纹间距;$n = 2$ 时,为二次谐波条纹,两光栅相对移过一个栅距,条纹移过两个条纹间距,可以依次类推。

几何莫尔条纹技术在光栅位移计量中发挥了巨大的作用,与以激光波长为计量基准的激光干涉仪相比,具有高测量稳定性、高测量重复性、良好的抗环境干扰能力等优势,得到了广泛应用和长足发展,成为工业自动化、半导体制造及机械加工等行业中广泛使用的位移测量传感器。

随着光栅刻画、照相复制技术的发展,高密度细光栅的制作成为现实。如何实现高密度细光栅在编码器中的应用,提高编码器的测量精度及测量分辨力,成为一个新课题。几何莫尔条纹技术限制了可用于实际应用的光栅线密度,超出一定的密度极限,无法保证可用的光栅副间隙。光栅副间隙的减小也会降低编码器的可靠性。无论光栅刻画密度和精度有多高,可用的光栅副间隙限制了编码器原始分辨力的提高。另外,提高编码器测量分辨力的有效途径是电子学细分,由于细光栅衍射效应产生的光电信号高次谐波的影响,使光电信号的正弦性差,不利于高倍数电子学细分,细分误差大,也限制了编码器测量精度的提高。为了应用高密度光栅进行位移测量,需要应用波动光学的衍射干涉原理进行分析,建立莫尔条纹的测量方程。

(二)衍射干涉原理

随着光栅线密度逐渐增大,光栅节距逐渐减小,衍射现象也越加明显。当采用高密度细光栅副形成莫尔条纹进行位移测量时,入射光在透过光栅时会产生明显的衍射效应,例如光栅节距为 0.01mm 的光栅产生的莫尔条纹中会出现明显的次级条纹,即通常所说的高次谐波。高密度细光栅莫尔条纹的形成不仅有几何光学遮光阴影原理的作用,还包含光栅各级衍射光之间复杂的干涉作用。传统的几何莫尔条纹原理无法分析细光栅副中光的衍射和干涉现象,从而无法得到准确的细光栅莫尔条纹的数学模型。

(三)多普勒频移原理

当光源和反射体或散射体之间存在相对运动时,接收到的光波频率与入射光波频率存在差别的现象称为光学多普勒效应,是奥地利学者多普勒于 1842 年发现的。当单色光入射到运动体上某点时,光波在该点被运动体散射,散射光频率与入射光频率相比,产生了正比于物体运动速度的频率偏移,称为多普勒频移。

（四）半波相位差面原理

半波相位差面原理认为，两束衍射光在干涉场中形成一组等相位差面，它平行于光栅刻线和法线，并随光栅一起移动。这些平行且等距的"波面"，构成此种干涉测长系统的基本单位。

为了研究光栅和分束面相对移动时两束衍射光相干涉形成等相位差面的情况，取直角坐标系如图 4-6 所示。其 OXY 面固定在光栅表面，其 OXZ 面垂直于刻线，Y 轴恰与一条刻线重合，垂直于图面向内。一平行光束，经分束面后被分成两束光，分别以 α 角入射光栅，在自准情况下，两束衍射光的衍射角仍为 α，光栅方程式为：

$$2d\sin\alpha = m\lambda$$

其中 d 是光栅节距，m 是衍射级次，λ 是衍射波长。

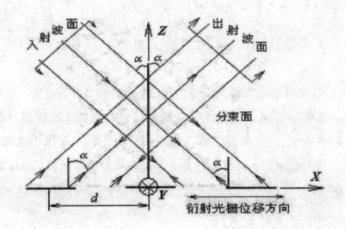

图 4-6　半波相位差面原理图（图片来源：基于光栅衍射光干涉的位移测量技术研究）

计算两波面在分束面上任意点的相位差，等效于分析交叉穿过分束面的两束衍射光和在该点的干涉情况。

光栅衍射光的波面相位是与光栅刻线的相对位置相对应的。由光栅位移引起的衍射波面的相位变化的定量关系，可由下式描述，在自准情况下为：

$$\Delta\Phi = \frac{2\pi}{\lambda}2x\sin\alpha \qquad (4-1)$$

在光栅干涉仪中，当分束面与坐标 OYZ 面重合，即与一条刻线重合时，其左右两部分的刻线位置关于分束面为对称，两入射波面相对于刻线也是对称的，因此左右两部分衍射波面也是相对于分束面对称分布的。显然，此时分束面上的任意点处，左右两衍射波面的相位差为零。

当光栅有位移 x 时，相当于以分束面为界的左右两部分刻线，一边刻线移近衍射光束，一边刻线远离衍射光束，产生的相位变化量由上式得出，数值相等，符号相反。

$$\Delta\Phi_2 = \frac{2\pi}{\lambda}2x\sin\alpha \tag{4-2}$$

$$\Delta\Phi_1 = -\frac{2\pi}{\lambda}2x\sin\alpha \tag{4-3}$$

把光栅方程式带入，因此左右两束衍射光此时在 P（x，z）点处的相位差为：

$$\Delta\Phi_P = \Delta\Phi_2 - \Delta\Phi_1 = \frac{2\pi}{\lambda}4x\sin\alpha = m\left(-\frac{4x}{d}\right)\pi \tag{4-4}$$

可以看出，两束衍射光在分束面上的某点 $P（x，z）$ 处的相位差只与该点的 X 坐标值有关。在三维坐标系中，x 等于某一定值的所有点构成的面上，形成了等相位差面，在上式中，如果衍射级次 $m = 1$，当 $x = d/4$ 时，$\Delta\Phi_P = \pi$，对应于暗条纹；当 $x = d/2$ 时，$\Delta\Phi_P = 2\pi$，对应于明条纹。这样，随着 x 的增加，$\Delta\Phi_P$ 依次经历 π，2π，3π，……，分束面上依次出现明暗变化，干涉仪不断输出干涉条纹位移计量信号。当衍射级次 $m = 2$ 时，上述变化的频率增加一倍。当 m 为其他值时，可类推。

二、标量衍射理论模型

在标量衍射理论中，忽略了电磁场的矢量特性，将电磁场简化为标量场来处理，这对大部分衍射光学元件的分析都是有效的。由于计算的高效性，标量衍射理论在实际问题中有广泛的应用。下面将利用标量衍射理论建立透射式光栅干涉仪的数学模型。

（一）矩形光栅透射函数

光栅栅距作为光栅干涉仪的测量基准，在很大程度上决定了光栅传感器的测量精度。如图 4-7 所示，直角坐标系的 XY 平面与光栅平面重合，光栅沿 X 轴放置，栅线平行于 Y 轴。

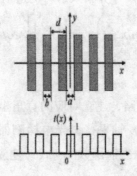

图 4-7 振幅型透射光栅截面及其透射函数

（图片来源：基于光栅衍射光干涉的位移测量技术研究）

假设振幅型透射光栅不透光部分的宽度为 b，透光部分的宽度为 a，则光栅栅距为 $d = a + b$。假设不透光部分的透射率为 0，透光部分的透射率为 1，则振幅型透射光栅的透射函数为：

$$t(x) = \begin{cases} 1 & nd - a/2 \leq x \leq nd - a/2 \\ 0 & \text{其他} \end{cases} \tag{4-5}$$

引入梳状函数 comb（x），并将其定义为：

梳状函数定义为：

$$comb(x) = \sum_{n=\infty}^{\infty} \delta(x - n) \tag{4-6}$$

其中 δ（x）是冲击函数。

再引入矩形函数 rect（x），并将其定义为：

$$rect(x) = \begin{cases} 1 & |x| \leq 1/2 \\ 0 & \text{其他} \end{cases} \tag{4-7}$$

根据 4-6 式和 4-7 式，4-5 式可表示为：

$$t(x) = comb\left(\frac{x}{b}\right) * rect\left(\frac{x}{a}\right) \tag{4-8}$$

受实际光源尺寸的影响，只有部分光栅参与衍射作用。假设入射光束可以近似为尺度为 L 的方孔，则有限尺寸光束入射时的透射函数可以表示为：

$$t(x) = \left[comb\left(\frac{x}{d}\right) * rect\left(\frac{x}{a}\right) \right] rect\left(\frac{x}{L}\right) \tag{4-9}$$

（二）光强模型

对于透射式光栅干涉仪光路，建立对应的直角坐标系，$x_0 y_0$ 平面与光栅重合，光栅沿 x_0 方向放置，栅线与 y_0 轴平行，光电探测器位于 $x_1 y_1$ 平面内且接收平面垂直于 Z 轴。下面将利用光栅透射函数 4-9 式，建立透射式光栅干涉仪的光强数学模型。

假设两束单色平面波从左侧入射光栅同一位置，两束单色平面波的光矢量与 x_0、y_0 和 Z 轴的夹角分别为 α_1、β_1、γ_1 和 α_2、β_2、γ_2，振幅分别为 A_1、A_2，则光栅左表面的复振幅分布分别为：

$$E_1(x_0, y_0) = A_1 \exp\left[k\left(x_0 \cos\alpha_1 + y_0 \cos\beta_1 + z_0 \cos\gamma_1\right) \right] \tag{4-10}$$

$$E_2(x_0, y_0) = A_2 \exp\left[k\left(x_0 \cos\alpha_2 + y_0 \cos\beta_2 + z_0 \cos\gamma_2\right) \right] \tag{4-11}$$

其中，$k = 2\pi/\lambda$ 是波数。

假设光栅右表面的复振幅分布为 $E'(x_0, y_0)$，利用光栅透射函数 $t(x)$，光栅左右表面的复振幅分布关系可以表示为：

$$E'(x_0, y_0) = \left[E_1(x_0, y_0) + E_2(x_0, y_0) \right] t(x_0) \tag{4-12}$$

假设探测器表面电场的复振幅分布为 $E(x_1, y_1)$，根据菲涅尔衍射公式，把方程（4-12）代入可得：

$$E(x_1, y_1) = \frac{1}{j\lambda z_1} \exp\left[j\frac{k}{2z_1}\left(x_1^2 + y_1^2\right) \right] \iint_{-\infty}^{\infty} \left[E_1(x_0, y_0) + E_2(x_0, y_0) \right] t(x_0)$$

$$\exp\left[j\frac{k}{2z_1}\left(x_0^2 + y_0^2\right) \right] \exp\left[-j\frac{2\pi}{\lambda z_1}\left(x_0 x_1 + y_0 y_1\right) \right] dx_0 dy_0 \tag{4-13}$$

为了分别考虑两束光的影响，令：

$$h_1(x_0, y_0) = \iint_{-\infty}^{\infty} A_1 \exp\left[jk(x_0 \cos\alpha_1 + y_0 \cos\beta_1 + z_0 \cos\gamma_1)\right]$$

$$\left[comb\left(\frac{x_0}{d}\right) * rect\left(\frac{x_0}{\alpha}\right)\right]rect\left(\frac{x_0}{L}\right)\exp\left[j\frac{k}{2z_1}\left(x_0^2 + y_0^2\right)\right] \quad (4\text{-}14)$$

$$\exp\left[-j\frac{2\pi}{\lambda z_1}(x_0 x_1 + y_0 y_1)\right]dx_0 dy_0$$

$$h_2(x_0, y_0) = \iint_{-\infty}^{\infty} A_2 \exp\left[jk(x_0 \cos\alpha_2 + y_0 \cos\beta_2 + z_0 \cos\gamma_2)\right]$$

$$\left[comb\left(\frac{x_0}{d}\right) * rect\left(\frac{x_0}{\alpha}\right)\right]rect\left(\frac{x_0}{L}\right)\exp\left[j\frac{k}{2z_1}\left(x_0^2 + y_0^2\right)\right] \quad (4\text{-}15)$$

$$\exp\left[-j\frac{2\pi}{\lambda z_1}(x_0 x_1 + y_0 y_1)\right]dx_0 dy_0$$

利用 4-14 式和 4-15 式，4-13 式可以表示为：

$$E(x_1, y_1) = \frac{1}{j\lambda z_1}\exp(jkz_1)\exp\left[j\frac{k}{2z_1}\left(x_1^2 + y_1^2\right)\right]\left[h_1(x_0, y_0) + h_2(x_0, y_0)\right] \quad (4\text{-}14)$$

函数 $h_1(x_0, y_0)$ 可看成是三个函数乘积的傅立叶变换，即入射平面波复振幅分布函数 $E_1(x_0, y_0)$、光栅透射函数 $t(x_0)$ 和指数函数。$E_1(x_0, y_0)$ 的傅立叶变换为：

$$\iint_{-\infty}^{\infty} A_1 \exp\left[jk(x_0 \cos\alpha_1 + y_0 \cos\beta_1 + z_0 \cos\gamma_1)\right]\exp\left[-j\frac{2\pi}{\lambda z_1}(x_0 x_1 + y_0 y_1)\right]dx_0 dy_0$$

$$= A_1 \exp(jkz_0 \cos\gamma_1) \cdot \delta\left[\left(\frac{x_1}{\lambda z_1} - \frac{\cos\alpha_1}{\lambda}\right) \cdot \left(\frac{y_1}{\lambda z_1} - \frac{\cos\beta_1}{\lambda}\right)\right] \quad (4\text{-}15)$$

光栅透射函数 t（x_0）的傅立叶变换为：

$$\int\!\!\!\int_{-\infty}^{\infty}\left[comb\left(\frac{x_0}{d}\right)*rect\left(\frac{x_0}{\alpha}\right)\right]rect\left(\frac{x_0}{L}\right)\exp\left[-j\frac{2\pi}{\lambda z_1}(x_0 x_1 + y_0 y_1)\right]dx_0 dy_0$$

$$= L\alpha\sum_{n=-\infty}^{\infty}\sin c\left(L\frac{x_1}{\lambda z_1}-L\frac{n}{d}\right)\sin c\left(\alpha\frac{x_1}{\lambda z_1}\right)$$

（4-16）

指数函数的傅立叶变换为：

$$\int\!\!\!\int_{-\infty}^{\infty}\exp\left[j\frac{k}{2z_1}\left(x_0^2 + y_0^2\right)\right]\exp\left[-j\frac{2\pi}{\lambda z_1}(x_0 x_1 + y_0 y_1)\right]dx_0 dy_0$$

$$= \int\!\!\!\int_{-\infty}^{\infty}\exp\left\{j\pi\left[\left(\frac{x_0}{\sqrt{\lambda z_1}}\right)^2 + \left(\frac{y_0}{\sqrt{\lambda z_1}}\right)^2\right]\right\}\exp\left[-j\frac{2\pi}{\lambda z_1}(x_0 x_1 + y_0 y_1)\right]dx_0 dy_0$$

（4-17）

利用积分变换对指数函数项化简，引入：

$$\frac{x_0}{\sqrt{\lambda z_1}} = u$$

（4-18）

$$\frac{y_0}{\sqrt{\lambda z_1}} = v$$

（4-19）

微分可得：

$$dx_0 = \sqrt{\lambda z_1}du$$

（4-20）

$$dy_0 = \sqrt{\lambda z_1}dv$$

（4-21）

于是指数函数的傅立叶变换可以表示为：

$$\lambda z_1 \int_{-\infty}^{\infty} \exp\left[j\pi\left(u^2+v^2\right)\right]\exp\left[-j2\pi\left(\frac{x_1}{\sqrt{\lambda z_1}}u+\frac{y_1}{\sqrt{\lambda z_1}}v\right)\right]dudv \tag{4-22}$$

$$= j\lambda z_1 \exp\left[-j\frac{\pi}{\lambda z_1}\left(x_1^2+y_1^2\right)\right]$$

利用卷积定理，函数 $h_1\left(x_0, y_0\right)$ 可以写为：

$$h_1\left(x_0, y_0\right)= j\lambda z_1 A_1 \exp\left(jkz_0\cos\gamma_1\right)$$

$$\exp\left\{-j\lambda z_1\pi\left[\left(\frac{x_1}{\lambda z_1}-\frac{\cos\alpha_1}{\lambda}\right)^2+\left(\frac{y_1}{\lambda z_1}-\frac{\cos\beta_1}{\lambda}\right)^2\right]\right\} \tag{4-23}$$

$$**\left\{L\alpha\sum_{n=\infty}^{\infty}\sin c\left[L\left(\frac{x_1}{\lambda z_1}-\frac{n}{d}\right)\right]\cdot\sin c\left(\alpha\frac{x_1}{\lambda z_1}\right)\right\}$$

同理，函数 $h_2\left(x_0, y_0\right)$ 可以写为：

$$h_2\left(x_0, y_0\right)= j\lambda z_1 A_2 \exp\left(jkz_0\cos\gamma_2\right)$$

$$\exp\left\{-j\lambda z_1\pi\left[\left(\frac{x_1}{\lambda z_1}-\frac{\cos\alpha_2}{\lambda}\right)^2+\left(\frac{y_1}{\lambda z_1}-\frac{\cos\beta_2}{\lambda}\right)^2\right]\right\} \tag{4-24}$$

$$**\left\{L\alpha\sum_{n=\infty}^{\infty}\sin c\left[L\left(\frac{x_1}{\lambda z_1}-\frac{n}{d}\right)\right]\cdot\sin c\left(\alpha\frac{x_1}{\lambda z_1}\right)\right\}$$

将方程（4-23）和（4-24）代入方程（4-14）可得：

$$E\left(x_1, y_1\right)= \exp\left(jkz_1\right)\exp\left[j\frac{k}{2z_1}\left(x_1^2+y_1^2\right)\right]$$

$$\left\{\begin{array}{l} A_1\exp\left(jkz_0\cos\gamma_1\right)\exp\left\{-j\lambda z_1\pi\left[\left(\frac{x_1}{\lambda z_1}-\frac{\cos\alpha_1}{\lambda}\right)^2+\left(\frac{y_1}{\lambda z_1}-\frac{\cos\beta_1}{\lambda}\right)^2\right]\right\} \\ + A_2\exp\left(jkz_0\cos\gamma_2\right)\exp\left\{-j\lambda z_1\pi\left[\left(\frac{x_1}{\lambda z_1}-\frac{\cos\alpha_2}{\lambda}\right)^2+\left(\frac{y_1}{\lambda z_1}-\frac{\cos\beta_2}{\lambda}\right)^2\right]\right\} \end{array}\right\} \tag{4-25}$$

$$**\left\{L\alpha\sum_{n=\infty}^{\infty}\sin c\left[L\left(\frac{x_1}{\lambda z_1}-\frac{n}{d}\right)\right]\cdot\sin c\left(\alpha\frac{x_1}{\lambda z_1}\right)\right\}$$

于是，在距离为 z_1 处的观察屏上莫尔干涉条纹的强度分布为：

$$I(x_1, y_1) = |E(x_1, y_1)|^2$$

$$= \left\{ A_1^2 + A_2^2 + 2A_1 A_2 \cos \left\{ k_0 (\cos \gamma_1 - \cos \gamma_2) - z_1 \pi + \begin{bmatrix} \dfrac{2}{\lambda z_1} (\cos \alpha_2 - \cos \alpha_1) x_1 \\ + \dfrac{2}{\lambda z_1} (\cos \beta_2 - \cos \beta_1) y_1 \\ + \dfrac{1}{\lambda} \begin{pmatrix} \cos^2 \alpha_1 - \cos^2 \alpha_2 \\ + \cos^2 \beta_1 - \cos^2 \beta_2 \end{pmatrix} \end{bmatrix} \right\} \right. \quad (4\text{-}26)$$

$$\left. ** \left\{ L\alpha \sum_{n=\infty}^{\infty} \sin c \left[L \left(\frac{x_1}{\lambda z_1} - \frac{n}{d} \right) \right] \cdot \sin c \left(\alpha \frac{x_1}{\lambda z_1} \right) \right\}^2 \right\}$$

方程（4-26）就是透射式光栅干涉仪的光强数学模型。莫尔条纹由相互对称的两衍射光束干涉产生，其宽度、方向和幅值大小与入射光的传播方向有关，幅值分布主要由光栅栅距和开口比决定。影响莫尔干涉条纹的参数主要有：光栅栅距 d；入射光尺寸 L；入射方向 α_1、β_1、γ_1 和 α_2、β_2、γ_2；入射光振幅 A_1，A_2；入射光波长 λ；探测器位置 z_1。

第三节　基于单光栅衍射测量位移的系统

一、光学系统设计

高密度衍射光栅的良好衍射特性利于构建小型激光干涉系统来提取位移信息，小的光栅节距及适当的光学细分结构可实现高原始测量分辨力。此种原理形式的激光编码器利用物理光学中的衍射光干涉原理和光学多普勒效应代替了莫尔条纹来提取位移信息技术。相比较传统几何莫尔条纹原理的光栅传感器其原始分辨力可提高数 10 倍以上。对电子处理电路频率响应要求也相对提高。系统采用高密度光栅（密度是莫尔条纹系统的 5 倍以上），同时系统具有光学四倍频，从而使仪器的原始分辨率提高数十倍。它综合应用了激光、光学、超微加工及精密机械、电子学等技术，为了应用于机器人工业、航空航天仪器、超微加工行业、OA 产业中的激光扫描照排系统等行业部门，对线位移传感器的尺寸和重量有较苛刻的限制，如何在有限体积内完成光学系统布局，完成小型光学干涉系统的设计与制造成为需要克服的技术难题。

（一）光学倍频

提高光栅密度，是提高传感器测量精度的主要途径之一，使用节距为 $2.4\,\mu m$ 的长光栅。由于高级次衍射光能量较弱，采用正负一级衍射光。并使其经过猫眼反射，再次进过光栅衍射，即（＋1，＋1）与（－1，－1），向量第一项表示第一次衍射光的级次，第二项表示第二次衍射的级次，两束衍射光进行干涉，原理如图4-8所示。

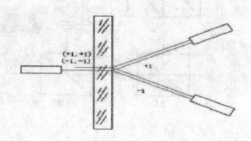

图4-8 光学倍频设计（图片来源：基于光栅衍射光干涉的位移测量技术研究）

根据多普勒效应可以导出，其相对于入射光发生的频移分别 $\Delta f_+ = 2V/d$，$\Delta f_- = -2V/d$（其中 d 为光栅节距），因此两束衍射光频差：

$$\Delta f_+ = \Delta f_+ - \Delta f_- = 4V/d \tag{4-27}$$

光栅位移量：

$$L = \int_0^t V \cdot dt = \int_0^t \Delta f \cdot \frac{d}{4} \cdot dt = \frac{d}{4} \int_0^t \Delta f \cdot dt \tag{4-28}$$

其中：$\int_0^t \Delta f \cdot dt$ 是时间 t 内产生的干涉条纹数目 N，$L = dN/4$，即条纹每变化一个周期，光栅的位移为光栅常数的 1/4，从而实现了光学四倍频。

（二）偏振光移相

莫尔条纹作为光电轴角编码器工作的原始信号，莫尔条纹原始信号的质量，将直接影响编码器的精度和可靠性，因此，提取稳定的光栅信号对光电轴角编码器显得非常重要，几乎所有光栅位移系统都需要进行移相，以取得具有相位差的原始信号以供后续的辨相、细分。为了提高光电信号的相位精度和电子学倍频能力，往往将光栅信号设计成相位差相差 90° 的四路信号，即 sin、cos、－ sin、－ cos。传统的利用莫尔条纹原理的系统常采用四裂相指示光栅的方法。实际的莫尔信号由于间隙的存在和照明等因素的影响，含有高次谐波分量，难以提高电子细分精度。采用衍射光干涉原理，如何得到四路高质量信号是本课题的主要技术难点。

我们使用四分之一波片和偏振分光镜，利用偏振移相原理设计了如图4-9的偏振移相光路：

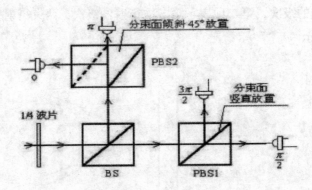

图4-9　偏振移相光路（图片来源：基于光栅衍射光干涉的位移测量技术研究）

根据光学多普勒效应推导，光栅移动时，（＋1，＋1）级衍射光和（－1，－1）级衍射光附加了多普勒频移。

$$f_+ = f_0 + \Delta f_+ = f_0 + 2v/d \tag{4-29}$$

$$f_- = f_0 + \Delta f_- = f_0 - 2v/d \tag{4-30}$$

其中：f_0 为半导体激光器发出的激光频率；d 为光栅节距；v 为光栅移动速度。

经光栅衍射后，－1级衍射光两次经过1/4波片，使振动方向偏转90°。（＋1，＋1）和（－1，－1）级衍射光的振动方向互相垂直，不能发生干涉，其振动方程分别如下。

其光振动方程为：

$$E_{(+1,+1)} = a\sin\left(2\pi f_0 t + 2\pi \frac{2l}{d}t + \Phi_{(+1,+1)}\right) \tag{4-31}$$

$$E_{(-1,-1)} = a\sin\left(2\pi f_0 t - 2\pi \frac{2l}{d}t + \Phi_{(-1,-1)}\right) \tag{4-32}$$

其中 $\Phi_{(+1,+1)}$、$\Phi_{(-1,-1)}$ 为两束衍射光由光程改变带来的位相改变量。取 $\Phi_{(+1,+1)}$、$\Phi_{(-1,-1)}$ 都为零，则两衍射光光振动方程可写为：

$$E_{(+1,+1)} = a\sin\left(2\pi f_0 t + 2\pi \frac{2l}{d}t\right) = a\sin(\Phi_{+1}) \tag{4-33}$$

$$E_{(-1,-1)} = a\sin\left(2\pi f_0 t - 2\pi \frac{2l}{d}t\right) = a\sin(\Phi_{-1}) \tag{4-34}$$

如图 4-11，BS 将光束分为两部分，一部分通过 PBS1，一部分通过 PBS2。PBS1 使得偏振方向在水平 X 方向的偏振分量透射形成干涉图样 1；而竖直 Y 方向的偏振分量被反射形成干涉图样 2。PBS2 使得偏振方向在与水平成 45° 的 Y′ 方向的偏振分量透射形成干涉图样 3；而与竖直成 45° 的 X′ 方向的偏振分量被反射形成干涉图样 4。

接收器 D1，D2，D3，D4 得到四路位相依次相差 90° 的干涉信号，四路信号两两进行差动放大，输入细分电路及译码显示电路，即可得到测量光栅移动的位移信息。充分利用激光衍射高级次和二次衍射大大提高了系统的原始分辨力，同时也利用偏振光移相及差分放大电子系统提高测角系统的测量稳定性和重复性。

（三）反射镜

在激光干涉仪中，它的可动反射器具有许多自由度，若希望只对沿 Z 轴方向的位移敏感，而对其他横向移动和偏转不敏感，需对反射器的形式进行选择。常用的反射器有平面反射器、角锥棱镜反射器、直角棱镜反射器和"猫眼"反射器。

平面反射器使用平面反射镜，结构比较简单，对横向移动不敏感，但是当平面镜有 θ 的角度偏转时，反射光光线就有 2θ 的角度偏转，此项误差不可忽略，会对于衍射光干涉光路有很大的影响，因此不予选用。

角锥棱镜反射器可以消除其偏转和俯仰带来的误差。出射光束与入射光束平行但方向相反。除入射光线打在顶点上出射点与入射点重合外，其余都产生一个横向平行位移。而棱镜绕任一轴转动均不影响出射光束的方向。因此使用角锥棱镜大大降低了干涉仪对导轨的精度要求。

直角棱镜反射器如图 4-10 所示，三个角分别为 45°、45°、90°，既可用两直角面作为反射面，又可用斜面作为反射面。主要用于产生横向位移的反射和改变光束方向的折射。应用方便，易于调整，加工成本低，但使用时只有一个方向自准，另一方向无法控制方向。

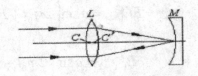

图 4-10 直角棱镜反射器　　　　图 4-11 "猫眼"反射器

（图片来源：基于光栅衍射光干涉的位移测量技术研究）

"猫眼"反射器如图 4-11 所示，由一个透镜和一个凹面反射镜组成的，

凹面反射镜 M 的球心置于透镜 L 的主点（薄透镜中心）上，透镜的焦点在反射镜的反射面上。从左边来的入射光线由透镜 L 会聚到反射镜 M 的 G 点上，被反射镜反射，再经过透镜 L 仍平行于原入射方向，但方向相反。即使入射光线不平行于光轴，仍具有上述性质（与反射镜的曲率无关）。猫眼反射器在激光干涉计量中有着广泛的应用。

二、光源

（一）激光器的选择

对于光栅干涉仪来讲，测量基准为光栅节距，所以激光器体积、性能及价格成为主要考虑的因素。氦氖激光器的发散角较小、准直性好，但体积较大，激光电源复杂；半导体激光器体积小，电源简单，但发散角较大，光路系统较复杂。比较以上特点，为了使仪器小型化，最终采用半导体激光器作为光源。半导体激光器是一种类似于晶体二、三极管工艺结构的激光器，它可在高达数千兆赫的范围内简单调制。波长为 780nm 的红外半导体激光器为共阴极结构。波长为 633 ~ 670nm 的半导体激光器则为共阳极结构。

半导体激光器在使用时应注意以下问题：

第一，防止静电：拿放时应佩带接地环，焊接时烙铁应断电并保证烙铁头接地良好；

第二，防止过压：工作电压应小于 2.5V；

第三，防止过流：半导体激光器的工作能量与电流成正比，调节电流可以调节其发光能量，但电流调节应小于 50mA。

（二）接收器

光电转换器件主要是利用光电效应将光信号转换成电信号，其主要参数有灵敏度、光谱响应范围、响应时间和可探测的最小辐射功率等。常用的光电效应转换器件有光敏电阻、光电倍增器、光电池、PIN 管等。

光电倍增器是把微弱的输入转换为电子，并使电子获得倍增的电真空器件。光电阴极受强光照射后，容易造成光电倍增管的永久性破坏，因此，使用光电倍增管时，应避免强光直接入射。光电倍增管一般用来测弱光信号，灵敏度较高。

光电池是把光能直接变成电能的器件，可作为能源器件使用，如卫星上使用的太阳能电池。它也可作为光电子探测器件。

光电二极管有耗尽层光电二极管和雪崩光电二极管两种，它的灵敏度很高，并且相应速度快，常用于超高频的调制光和超短光脉冲的探测。

考虑到高密度光栅位移提取的高频率响应要求，选择频率响应可达上千兆赫兹的扩散型 PIN 硅光电二极管作为光电接收器件。PIN 光电二极管是在 p-n 结之间增加一本征层（I 层），又称耗尽型光电二极管。只要适当控制本征层厚度，使它近似等于反偏压下耗尽层宽度，就可使响应波长范围和频率响应得到改善。本征层的引入加大了耗尽层区，展宽了光电转换的有效工作区域，从而使灵敏度得以提高。由于 I 层的存在，而 p 区又非常薄，入射光子只能在 I 层内被吸收，产生电子—空穴对。I 区产生的光生载流子在强电场作用下加速运动，所以载流子渡越时间非常短。同时，耗尽层的加宽也明显地减小了结电容 C_d，使电容时间常数 $\tau_C = C_d R_L$ 减小，从而改善了光电二极管的频率响应。性能良好的 PIN 光电二极管频率响应的主要因素是电路时间常数 τ_C。PIN 光电二极管的结电容 C_d 一般可控制几个皮法（pF）量级，适当增大反偏压，C_d 还可进一步减小。因此，合理选择负载电阻 R_L，是实际使用 PIN 光电二极管为得到高响应频率性能必须考虑的重要问题。

系统选用 UEC 生产的 PIN 光电二极管，型号为 PTD-0120，硅材料，光敏感面为 3mm×3mm，厚度约 0.3mm，响应时间达到 100 纳秒，感光面积及响应频率满足了干涉信号提取。

第五章 基于光栅检测理论的应用

第一节 单层光栅位移检测理论下微陀螺的设计与应用

一、单层光栅测量理论

（一）单光栅系统

典型的光栅位移测量系统的实现过程具有共同点，光源经过光学传感器得到载有位移信息的干涉信号，信号经过细分（包括光学细分、电子细分等），系统可实现纳米级的分辨力。系统的光路部分都有标尺光栅，其长度决定了测量系统的测量范围。一般的光栅系统分为两种：单光栅测量系统和双光栅测量系统，其中必有一个光栅为测量光栅。双光栅测量系统中，将另一个参考光栅集成到读数头中，而单光栅测量系统的读数头部分是由光学元件按照不同的测量原理组合而成，包括一次衍射、二次衍射测量原理等。

在光栅线位移测量系统中，提高系统的精度和分辨力的根本途径是采用高密度长光栅减小原始信号的周期。但是传统的双光栅系统中，光栅节距 d 小于 $1.0\mu m$ 时，衍射作用增强，输出信号信噪比下降。要得到可用的光电信号只能减小光栅副间隙，过小的光栅副间隙导致蹿动或灰尘都可使光栅划伤，造成不可修复性损伤，对导轨要求也相应提高。同时由于高密度光栅的衍射效应，输出信号中高次谐波成分增加，直接影响原始信号的正弦性，从而影响电子学细分精度，使得系统测量精度受到限制。因此需要研究新的光学结构和信号提取原理，要求具有输出信号质量高，可靠性高的特点，国内外提出许多基于不同场合应用的线位移测量系统，并进行了研究分析。

为了突破传统的双光栅线位移测量系统结构和原理的限制，使用高密度光栅来提高测量精度及分辨力，介绍一种采用高密度单光栅测量系统的光学结构，其采用衍射光干涉产生原始信号，具有光学四倍频，采用偏振移相的方法获得四路空间相位相差 90° 的原始信号。根据系统设计制作了样机，样机采用 417lp/mm 的光栅，原始信号周期 $0.6\mu m$，原始信号具有无其他谐波分量、正弦性和正交性好的优点。经过 1024 电子学细分后，系统分辨力 0.586nm，将系统的测量结果与 HP5528 干涉仪进行比较,试验结果表明系统在 100mm 测量范围内精度达到 0.1μm。这种线位移测量系统结构紧凑、分辨力高、精度高,可在众多需要高精度线位移传感器的场合中应用。

（二）系统工作原理

系统的工作原理框图如图 5-1 所示，系统主要由标尺光栅、直线导轨、读数头、电细分与显示四大部分组成。其中标尺光栅作为测量基准通过一定机械结构安装在直线导轨上，读数头与其作相对直线运动，读数头内由光源产生的光经过一定光学元件产生干涉条纹，将接收器摆放在条纹处，将产生的光强信号转化成电信号，经过放大处理电路输出到电细分与显示模块进行电子细分和结果显示。

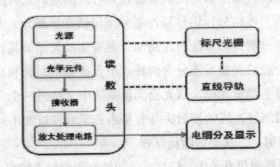

图 5-1　系统工作原理图（图片来源：基于光栅衍射光干涉的位移测量技术研究）

系统的光路结构图如图 5-2 所示，主要包括光源、光栅、自准直反射器、分束反射镜、波片、NBS、PBS、光电接收器。其中光栅作为测量基准，沿图中所示虚线与其他元件相对运动，产生干涉条纹被四个光电接收器接收。光路的工作过程如下:

第一，半导体激光器发出的光经过分束反射镜后改变方向，垂直入射 417lp/mm 高密度光栅后产生衍射光束，图中只标明 ±1 级衍射光。

第二，+1 级衍射光经过 1/4 波片后由自准直反射器反射，再次经过波片以一定入射角射入光栅；−1 级衍射光经另一准直反射器反射后也射入光栅，与 +1 级的反射光汇合。

第三，经过光栅再次衍射的（+1，+1）级光和（−1，−1）级光经分束反射镜后进入由 NBS 和 PBS 组成的偏振分光系统，在四个接收器上各自产生干涉条纹，并由接收器转化为高质量光电信号。

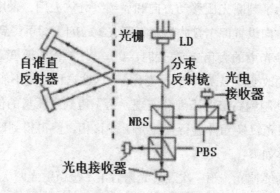

图 5-2　系统光学机构图（图片来源：基于光栅衍射光干涉的位移测量技术研究）

在此使用光学多普勒原理分析。根据光学多普勒效应，可以得出推论，当光射入光栅，光栅沿光栅面内与刻线垂直的法线运动时，出射的各个级次衍射光会产生频移 Δf，等于每秒移过的刻线数目和衍射光级次的乘积；负级次衍射给出相反符号的频移；衍射光的频移与入射角及光的波长均无关。系统中光束第一次经过光栅时，＋1级衍射光与－1级衍射光分别产生频移：

$$\Delta f_{(1)} = v/d$$

$$\Delta f_{(-1)} = - v/d$$

当反射回来后的＋1级衍射光与－1级衍射光再次经过光栅时，再次产生频移：

$$\Delta f_{(1, 1)} = v/d$$

$$\Delta f_{(-1, -1)} = - v/d$$

此时两路光的频率差为：

$$\Delta f = (\Delta f_{(1)} + \Delta f_{(1, 1)}) - (\Delta f_{(1, 1)} + \Delta f_{(-1, -1)}) = 4v/d$$

由于频率相差很小，运动方向相同，可以形成拍频干涉。因为光栅行程：

$$L = \int_0^t v dt = \int_0^t \frac{\Delta f \cdot d}{4} dt = \frac{d}{4} \int_0^t \Delta f dt$$

其中 $\int_0^t \Delta f dt$ 是时间 t 内产生的干涉条纹数目，可用 N 表示，则：

$$L = \frac{d}{4} N$$

即光栅每移动一个栅距 d，干涉信号出现四个明暗变化周期。由此可见此光学结构实现了光学四倍频，由此提高了原始信号周期，并且只由衍射光中的两束参加干涉，没有其他谐波分量，信号质量高。

一般系统中为了判断光栅移动方向和后续差分放大用，采用空间裂相明的方法沿条纹移动的方向设置四个接收器，相距 $KB \pm B/4$，即可得到四路相差 90° 的信号，但当两干涉光束的夹角 δ 改变时，$B = \lambda / \delta$ 发生改变，两路信号位相差也随之改变（δ 的改变随 $\Delta\lambda$，$\triangle\delta$ 变化），因此这种方法不能保持相位的稳定。

原始信号不纯制约高倍电子细分实现，为了得到高质量的信号，系统采集由 PBS 和 BS 等偏振光转换元件进行偏振光干涉移相，使得得到四路空间相位相差 90° 的信号，具体如下：

激光器出射为线偏光，第一次经过光栅后 + 1 级衍射光两次经过 1/4 波片，使入射方向与波片快轴夹角为 45°，此时两路光相位相差 90°，并不发生干涉。由前面分析可将第二次经过光栅后（ + 1，+ 1），（ − 1，− 1）级衍射光分别表示为：

$$E_{(+1,+1)} = \alpha \cos\left(2\pi f_0 t - 2\pi \frac{2\upsilon}{d} t\right) = \alpha \cos(\Phi_{+1})$$

$$E_{(-1,-1)} = \alpha \cos\left(2\pi f_0 t + 2\pi \frac{2\upsilon}{d} t\right) = \alpha \cos(\Phi_{-1})$$

二、微机械陀螺的理论

MEMS 陀螺绝大多数都是谐振式陀螺，由支撑框体、质量块、激励单元以及敏感单元组成。微陀螺的主要参数指标包括噪声、灵敏度、带宽、动态范围以及精度等。本章重点介绍微陀螺动力学模型、微陀螺的指标及它们的计算方法、哥氏效应，最后介绍微陀螺的驱动和检测方式。

哥氏效应原理：微陀螺工作时，敏感模态的位移振荡幅值与输入角速度信号成正比，角速度信号的测量可以通过对敏感方向的位移幅值的测量实现。通过移动和转动的相互影响而产生哥氏加速度。加速度的方向是通过参考系的角速度矢量以及质点的相对运动速度矢量的积来确定，并且符合右手定则。

微机械陀螺检测角速率的基本原理为：电磁力驱动微陀螺在驱动方向谐振起来，当检测到有角速率信号输入，敏感质量块在检测方向上会产生哥氏惯性力，通过检测哥氏力带来的位移或者应力变化来反推角速率，微陀螺输出信号与输入角速率信号成正比。

三、微陀螺动力学特性分析

（一）微陀螺动力学方程的建立

现有微陀螺中，质量块主要包括两种振动形式，分别为平动和转动，以下主要研究质量块为平振动的微陀螺。如图 5-3 所示，微陀螺的振动质量块在沿 X 方向驱动力的作用下在驱动方向谐振，当沿 Z 方向有角速率信号输入时，振动质量块在哥氏力作用下在 Y 方向做简谐振动。微陀螺的简化模型为两个方向的二阶系统，其振动方式近似为：弹簧—质量块—阻尼系统基于外力作用下的振动过程。

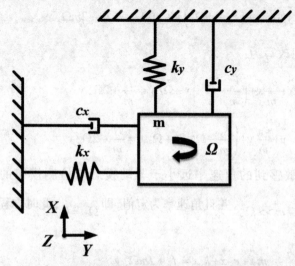

图 5-3 振动式微陀螺简化模型（图片来源：网络）

Z 轴微陀螺敏感结构在 Z 方向刚度较大，在 X 和 Y 方向的刚度较小。Z 方向的大刚度导致微陀螺在该方向产生的位移和速度非常小，即 $z \ll x, z \ll y$ e 且 $\dot{z} \ll \dot{x}, \dot{z} \ll \dot{y}$，因此只研究 X 和 Y 方向的振动情况，同时忽略动坐标系的角加速度。

将牛二定律与上述条件相结合，得到下式：

$$ma_{BX} + k_x x + c_x \dot{x} = f_x \tag{式5.1}$$

$$ma_{BY} + k_y y + c_y \dot{y} = f_y \tag{式5.2}$$

简化后如下：

$$m\ddot{x} + c_x \dot{x} + \left[k_x - m\left(\Omega_y^2 + \Omega_z^2\right) \right] x + m\left(\Omega_x \Omega_y - \dot{\Omega}_z \right) y = f_x + 2m\Omega_z \dot{y} \tag{式5.3}$$

$$m\ddot{y}+c_y\,\dot{y}+\left[k_y-m\left(\Omega_x^2+\Omega_z^2\right)\right]y+m\left(\Omega_x\Omega_y+\dot{\Omega}_z\right)x=f_y+2m\dot{\Omega}_z\,\dot{x} \qquad (\text{式}5.4)$$

上式中定义广义质量为 m，分别定义 $k_{x,y}$，$c_{x,y}$ 是驱动方向与检测方向的刚度、阻尼系数。当微陀螺为单自由度的仅能敏感 Z 轴角速率时，可以忽略 Ω_x^2，Ω_y^2，$\Omega_x\Omega_y$ 项，此时上述方程化简如下：

$$m\ddot{x}+c_x\,\dot{x}+\left(k_x-m\Omega_z^2\right)x-m\dot{\Omega}_z\,y=f_x+2m\Omega_z\,\dot{y} \qquad (\text{式}5.5)$$

$$m\ddot{y}+c_y\,\dot{y}+\left(k_y-m\Omega_z^2\right)y+m\dot{\Omega}_z\,x=f_y-2m\Omega_z\,\dot{x} \qquad (\text{式}5.6)$$

上面两式可改写为：

$$\ddot{x}+\frac{c_x}{m}\dot{x}+\left(\frac{k_x}{m}-\Omega_z^2\right)x-\dot{\Omega}_z\,y=\frac{f_x}{m}+2\Omega_z\,\dot{y} \qquad (\text{式}5.7)$$

$$\ddot{y}+\frac{c_y}{m}\dot{y}+\left(\frac{k_y}{m}-\Omega_z^2\right)y+\dot{\Omega}_z\,x=\frac{f_y}{m}-2\Omega_z\,\dot{x} \qquad (\text{式}5.8)$$

当微陀螺敏感到的角速率远小于驱动模态与检测模态的固有频率时，即 $k_x/m\gg\Omega_z^2$，$k_y/m\gg\Omega_z^2$，并且角速率为定值，即 $\dot{\Omega}_z=0$，此时方程进一步可简化为：

$$m\ddot{x}+c_x\,\dot{x}+k_x x=f_x+2m\Omega_z\,\dot{y} \qquad (\text{式}5.9)$$

$$m\ddot{y}+c_y\,\dot{y}+k_y y=f_y-2m\Omega_z\,\dot{x} \qquad (\text{式}5.10)$$

在式 5.9 中因为哥氏力远小于驱动力，所以忽略 $2m\Omega_z\,\dot{y}$；在式 5.10 中 $f_y=0$，得到下面的公式：

$$m\ddot{y}+c_y\,\dot{y}+k_y y=-2m\Omega_z\,\dot{x} \qquad (\text{式}5.11)$$

$$m\ddot{x}+c_x\,\dot{x}+k_x x=f_x \qquad (\text{式}5.12)$$

通过对上述方程进行简化，得到微陀螺动力学理想模型，最终两个公式为振动式微陀螺的经典动力学方程。

（二）微陀螺的动力学方程解析

通过求解微机械陀螺驱动模态的动力学方程式，可以得到敏感质量块在驱动模态的振动位移为：

$$u_x(t) = A_x e^{-\zeta_x \omega_x t} \sin(\sqrt{1-\zeta_x^2} \cdot \omega_x t + a) + B_x \sin(\omega_d t - \varphi_x) \qquad （式5.13）$$

上式中：

$$B_x = \frac{F_0}{m_x \omega_x^2 \sqrt{(1-\frac{\omega_d^2}{\omega_x^2})^2 + 4\zeta_x^2 (\frac{\omega_d}{\omega_x})^2}} \qquad （式5.14）$$

$$\varphi_x = \tan^{-1} \frac{2\zeta_x \omega_x \omega_d}{\omega_x^2 - \omega_d^2} \qquad （式5.15）$$

其中，$\omega_x = \sqrt{\dfrac{k_x}{m_x}}$ 是驱动模态固有频率，$\zeta_x = \dfrac{c_x}{2m_x \cdot \omega_x}$ 是驱动模态的阻尼系数。

式5.14可以改写成如下形式：

$$B_x = \frac{F_0}{m_x \cdot \omega_x^2} \cdot \frac{1}{\sqrt{\left(1-\frac{\omega_d^2}{\omega_x^2}\right)^2 + 4\varsigma_x^2 \left(\frac{\omega_d^2}{\omega_x^2}\right)^2}} = \frac{F_0}{m_x \cdot \omega_x^2} \cdot A_\varsigma \left(\frac{\omega_d}{\omega_x}\right) \qquad （式5.16）$$

其中 $A_\varsigma \left(\dfrac{\omega_d}{\omega_x}\right) = \dfrac{1}{\sqrt{\left(1-\frac{\omega_d^2}{\omega_x^2}\right)^2 + 4\varsigma_x^2 \left(\frac{\omega_d^2}{\omega_x^2}\right)^2}}$，它的仿真结果如下图5-2所示。

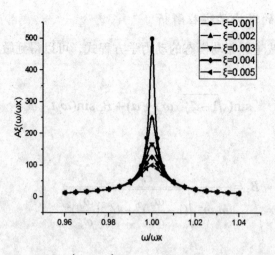

图 5-4 $A_\xi(\omega/\omega_x)$ 的仿真结果（图片来源：网络）

由图 5-4 可知，当 $\dot{u}/_x = 1$ 时，驱动幅值 $A_\zeta\left(\dfrac{\omega}{\omega_x}\right)$ 最大，且幅值放大倍数与阻尼比 $_\xi$ 有关，ξ 越小，品质因数越大，幅值越大。

由式 5.16 可知，$A_x e^{-\zeta_x \omega_x t} \sin(\sqrt{1-\zeta_x^2} \cdot \omega_x t + a)$ 是负指数函数，随着时间 t 的增大趋于 0，是瞬态项；而 $B_x \sin(\omega_d t - \varphi_x)$ 是稳态项，当微陀螺稳定工作时，只剩下该项，因此敏感质量块在驱动方向的位移如下式所示：

$$u_x(t) = B_x \sin(\omega_d t - \varphi_x) \qquad （式 5.17）$$

驱动方向速度 $V_x(t)$ 是驱动方向位移 $u_x(t)$ 求导得到的，将上式 5.17 求导可得：

$$V_x(t) = \omega_d B_x \cos(\omega_d t - \varphi_x) \qquad （式 5.18）$$

通过求解微机械陀螺检测模态的动力学方程式，可以得到敏感质量块在检测模态的振动位移为：

$$u_y(t) = A_y e^{-\zeta_y \omega_y t} \sin\left(\sqrt{1-\zeta_y^2} \cdot \omega_y t + a\right) + B_y \cos(\omega_d t - \varphi_y) \qquad （式 5.19）$$

式中，$\omega_y = \sqrt{\dfrac{k_y}{m}}$ 代表检测模态固有圆频率，$\zeta_y = \dfrac{c_y}{2m \cdot \omega_y}$ 代表检测模态的阻尼系数。

其中：

$$B_y = \frac{2 \cdot \Omega \cdot F_0 \cdot \omega_d}{m \cdot \omega_x^2 \cdot \omega_y^2} \cdot \frac{1}{\sqrt{\left(1 - \left(\frac{\omega_d}{\omega_x}\right)^2\right)^2 + 4 \cdot \zeta_x^2 \left(\frac{\omega_d}{\omega_x}\right)^2}} \cdot \frac{1}{\sqrt{\left(1 - \left(\frac{\omega_d}{\omega_y}\right)^2\right)^2 + 4\zeta_y^2 \left(\frac{\omega_d}{\omega_y}\right)^2}}$$

（式 5.20）

$$\varphi_y = \tan^{-1} \frac{2\zeta_y \cdot \omega_d \cdot \omega_y}{\omega_y^2 - \omega_d^2} + \varphi_x$$

（式 5.21）

与微陀螺驱动模态类似，在式 5.21 中前一项是方程的瞬态解，它随着时间的增加而指数衰减至 0；后一项是方程的稳态解，当陀螺稳定工作时，只有稳态解起作用。

为了能够检测到哥氏力引起的振动，检测模态的阻尼比 ζ_y 要设计的很小，一般情况下 $\zeta_y < 0.01$，检测模态的阻尼比很小可以使得检测模态的瞬态解能够快速的递减为 0，此时微陀螺的带宽性能较好。

微陀螺的位移灵敏度计算公式如下：

$$S_y = \frac{B_y}{\Omega} = \frac{2 \cdot F_0 \cdot \omega_d \cdot Q_x}{m \cdot \omega_x^2 \cdot \omega_y^2} \cdot \frac{1}{\sqrt{\left(1 - \left(\frac{\omega_d}{\omega_y}\right)^2\right)^2 + \frac{1}{Q_y}\left(\frac{\omega_d}{\omega_y}\right)^2}}$$

（式 5.22）

其中 $Q_x = \dfrac{1}{2\zeta_x}$ 为微陀螺驱动方向的品质因子，$Q_y = \dfrac{1}{2\zeta_y}$ 表示微陀螺敏感模态的品质因子。

当 $\Omega = \Omega_0 \cos(\omega_\Omega t)$ 时，检测模态的动力学方程 5.22 可改写为：

$$m\frac{d_y^2}{d^2} + c_y\frac{d_y}{d} + k_y u_y = 2m\Omega_0 \omega_d B_x \cos(\omega_\Omega t)\cos(\omega_d t - \varphi_x)$$

（式 5.23）

求解可以得到：

$$u(t) = B_l(t) + B_l \cos\left[(\omega_d - \omega_\Omega)t + \varphi_l - \varphi_x\right] + B_u \cos\left[(\omega_d + \omega_\Omega)t + \varphi_u - \varphi_x\right]$$

（式 5.24）

式中：

$$B_u = \frac{B_x \cdot \Omega_0 \cdot \omega_d}{\sqrt{\left(\omega_y^2 - (\omega_d + \omega_\Omega)^2\right)^2 + [\frac{(\omega_d + \omega_\Omega)\omega_y}{Q_y}]^2}}$$ （式 5.25）

$$\varphi_u = \tan^{-1} \frac{\omega_d \cdot (\omega + \omega_\Omega)}{[\omega_y^2 - (\omega_d + \omega_\Omega)^2]Q_y}$$ （式 5.26）

$$B_l = \frac{B_x \cdot \Omega_0 \cdot \omega}{\sqrt{\left(\omega_y^2 - (\omega_d - \omega_\Omega)^2\right)^2 + [\frac{(\omega_d - \omega_\Omega)\omega_y}{Q_y}]^2}}$$ （式 5.27）

$$\varphi_l = \tan^{-1} \frac{\omega_d \cdot (\omega_d - \omega_\Omega)}{[\omega_y^2 - (\omega_d - \omega_\Omega)^2]Q_y}$$ （式 5.28）

式 5.24 中，$B_l(t)$ 为方程的瞬态项，随着时间增加而呈指数形式衰减；$B_l \cos[(\omega_d - \omega_\Omega)t + \varphi_l - \varphi_x]$ 是方程的低频调幅解，它的载波频率为 $(\omega_d - \omega_\Omega)$；$B_u \cos[(\omega_d + \omega_\Omega)t + \varphi_u - \varphi_x]$ 是方程的高频调幅解，载波频率为 $(\omega_d + \omega_\Omega)$。

式 5.24 中忽略掉瞬态解，可以得到微陀螺质量块在检测模态位移为：

$$u(t) = B_l \cos((\omega_d - \omega_\Omega)t + \varphi_l - \varphi_x) + B_u \cos[(\omega_d + \omega_\Omega)t + \varphi_u - \varphi_x]$$ （式 5.29）

也可改写为：

$$u(t) = A_1(\omega_\Omega) \cos[\omega_\Omega t + \theta_1(\omega_\Omega)] \cdot \cos(\omega_d t) - A_2(\omega_\Omega) \cos[\omega_\Omega t - \theta_2(\omega_\Omega)] \cdot \sin(\omega_d t)$$

（式 5.30）

其中：

$$A_1(\omega_\Omega) = \sqrt{B_u^2 + B_l^2 + 2B_u B_l \cos(\varphi_u + \varphi_l)}$$ （式 5.31）

$$\theta_1(\omega_\Omega) = \tan^{-1}(\frac{B_u \sin \varphi_u - B_l \sin \varphi_l}{B_u \sin \varphi_u + B_l \sin \varphi_l})$$ （式 5.32）

$$A_2(\omega_\Omega) = \sqrt{B_u^2 + B_l^2 - 2B_u B_l \sin(\varphi_u - \varphi_l)}$$ （式 5.33）

$$\theta_2(\omega_\Omega) = \tan^{-1}(\frac{B_u \cos\varphi_u + B_l \sin\varphi_l}{B_u \sin\varphi_u - B_l \cos\varphi_l})$$　　　　（式 5.34）

在式 5.34 中，右边有两个分别以 $\sin(\omega_d t)$ 和 $\cos(\omega_d t)$ 为载波的振幅调制信号，可以看出：微陀螺的振动方程是两种振动信号的合成，二者的相位差为 90°，均以驱动频率作为振动频率，而需要检测的角速率信号包含在上述两个振动信号中。以 $\cos(\omega_d t)$ 作为调制解调波，能够使振幅达到最大，利用低通滤波器即可得到下述信号：

$$u(t) = \frac{1}{2} A_1(\omega_\Omega) \cos[\omega_\Omega t + \theta_1(\omega_\Omega)]$$　　　　（式 5.35）

当驱动频率与驱动方向固有频率一致时，系统稳态振动的位移、速度的幅值都会达到最大，系统的剧烈振动不仅在共振频率处出现，在其附近一段频率范围内都比较明显。谐振频率对应幅值的 0.707 倍所对应的频段为工作区域，用品质因数 Q 来表示共振的强烈程度和共振区域的宽度，它直接标定了共振时幅值的放大倍数。

品质因数的计算公式是：

$$Q = \frac{1}{2\varsigma} = \frac{m\omega_n}{c_x}$$　　　　（式 5.36）

带宽的计算公式为：

$$BW = \frac{f_x}{Q_x}$$　　　　（式 5.37）

四、微机械陀螺的阻尼

（一）空气阻尼

1. 滑膜阻尼

对于 MEMS 陀螺而言，阻尼的设计是至关重要的，它决定了微陀螺的动态性能。在 MEMS 器件中，空气阻尼主要分为滑膜阻尼以及压膜阻尼两种。对于 Z 轴微陀螺来说，微陀螺敏感质量块主要做面内运动，所以滑膜阻尼为主要阻尼。面内检测的微陀螺能量耗散过程的主要表现形式为敏感质量块与基底之间的阻尼。滑膜阻尼主要包括库特流和斯托克斯流两种形式：

库特流模型适用于低频，此时的阻尼系数可表示为：

$$C = \frac{\mu A}{d}$$（式 5.38）

其中，μ 为流体的黏度系数；A 为平板的正对面积；d 为平板之间的间隙。

斯托克斯流模型适用于高频，由库特流向斯托克斯流转变的截止频率为：

$$f_c = \frac{\mu}{2\pi\rho d^2}$$（式 5.39）

其中，ρ 为流体密度。

对于面内检测微陀螺，它的滑膜阻尼可以分为敏感质量块上表面的外部流体阻尼，以及质量块与基板之间的滑膜阻尼。其中前者变现微斯托克斯流模型，它的阻尼系数表示为 $C = \mu A \beta$，质量块与基板之间的斯托克斯阻尼系数可以表示为：

$$C = \mu A \beta \frac{\sinh(2\beta d) + \sin(2\beta d)}{\cosh(2\beta d) - \cos(2\beta d)}$$（式 5.40）

其中，$\beta = \sqrt{\pi f / v}$；f 为谐振频率；v 为动力黏度系数。当计算质量块与基板之间阻尼时，d 为二者间隙；在计算质量块上方的流体阻尼过程中，δ 表示渗透深度，并且 $\delta = 1/\beta$。

2. 压膜阻尼

对于 X 或者 Y 轴陀螺，敏感质量块主要做离面运动，此时压膜阻尼为主要成分，压膜阻尼的定义及模型如下：

如图 5-5 所示，当有一固定平板与一可动平板平行放置，动板相对于固定平板的垂直方向做相对运动时，二者之间的空气层由于受到压力的变化会流入或者流出板间，外加作用力对运动平板做功，该能量主要用来克服空气阻尼力做功产生的热能。该种空气层与平板之间的阻尼为压膜阻尼。

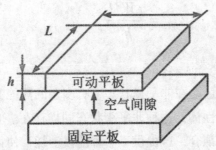

图 5-5　检测方向的压膜阻尼原理图（图片来源：网络）

对于 MEMS 器件来说，它们的尺寸很小，从而导致雷诺数一般都远小于 12。与此同时正是因为微结构的尺寸小，温度对微陀螺的影响可以忽略。在温度相等的条件下，空气密度 ρ 与压力 P 成正比。综合上述我们可以得到平板间空气流的雷诺方程表达式：

$$\frac{\partial}{\partial x}\left(\frac{Ph^3}{\mu}\frac{\partial P}{\partial x}\right)+\frac{\partial}{\partial y}\left(\frac{Ph^3}{\mu}\frac{\partial P}{\partial y}\right)=12\frac{\partial(hP)}{\partial t} \qquad （式 5.41）$$

方程 5.41 为非线性方程，在温度相等、气体可压缩的条件下，它普遍适用于 MEMS 器件中的压膜阻尼模型。式中压力 P 主要包括两部分，$P = P_a + \Delta P$，Pa 表示气体压力，ΔP 代表的是压力变化量，由压膜阻尼引起的。

设 $h = h_0 + \Delta h$，当平行板运动时，位置变化对 h 和 μ 均无影响，式 5.41 简化后得到下式：

$$\frac{\partial}{\partial x}\left(P\frac{\partial P}{\partial x}\right)+\frac{\partial}{\partial y}\left(P\frac{\partial P}{\partial y}\right)=\frac{12\mu}{h^3}\frac{\partial(hP)}{\partial t} \qquad （式 5.42）$$

对于不可压缩气体来说，$\Delta P/P_a << \Delta h/h_0$，此时雷诺方程可简化为：

$$\frac{\partial^2 P}{\partial \ddot{u}\ddot{u}}+\frac{\partial^2 P}{\partial^2}=\frac{12\mu}{\substack{3\\0}}\frac{dh}{} \qquad （式 5.43）$$

我们设矩形固定平板的宽度 W 远小于它的长度 L，通过推导式 5.43 能够得到平板所受的阻尼力为：

$$F_{D1}=-\frac{\mu W^3 L}{h^3}\frac{dh}{dt}=-\frac{\mu W^3 L}{h^3}\dot{h} \qquad （式 5.44）$$

根据上式中阻尼力的表达式可以求出矩形固定平板阻尼：

$$C_{D1} = \frac{\mu W^3 L}{h^3}$$ （式 5.45）

（二）热弹性阻尼模型

通常认为弹性固体的运动在非平衡状态，有多余的势能和动能。即便对于完全线性以及温度相等的弹性体，这种非平衡状态同样存在。对热弹性体而言，在温度场以及应力场间存在耦合，这提供了一种能量消耗，使得系统能够回归到平衡状态。通过不可逆流可以得到热弹性体的松弛，应力场和温度场梯度间的相互耦合能够引起不可逆热流，该种能量消耗的方式，叫作热弹性阻尼。热弹性阻尼存在于所有热膨胀系数不为零的材料中。

热弹性固体的松弛强度可以利用杨氏模量变化量来进行表示：

$$\Delta E = \frac{E_{ad} - E}{E} = \frac{E\alpha^2 T_0}{C_P}$$ （式 5.46）

式中，E_{ad} 为未松弛时或绝热时的杨氏模量；E 表示等温时或者松弛的杨氏模量，C_p 表示单位体积在固定应力或者压力的作用下的热容量。

根据 Zener 模型，热松弛时间计算公式如下：

$$\tau_z = \frac{b^2}{\pi^2 \chi}$$ （式 5.47）

式中：χ 表示固体热扩散率，b 代表梁宽。可以用单个松弛时间的函数来表示梁的振动耗散：

$$Q_z^{-1} = \frac{E\alpha^2 T_0}{C_P} \frac{\omega\tau_z}{1 + (\omega\tau_z)^2}$$ （式 5.48）

式中，E 为硅的杨氏模量，α 为硅的热膨胀系数，T_0 为温度，C_p 为固定压力或应力下单位体积的热容量。

由式 5.47、5.48 可以看出，热弹性阻尼与梁的振动频率以及尺寸有关。而频率是与质量块质量相关的量，因此，梁的热弹性阻尼与质量块质量相关。由式 5.48 可以求出热弹性阻尼的品质因数，梁的热弹性阻尼可以表示为：

$$c_{TED} = \frac{m\omega}{Q_{TED}}$$ （式 5.49）

式中，m 为质量块质量与梁的质量的和，Q_{TED} 为热弹性阻尼的品质因数。ω 为对应模态的固有圆频率。

五、微陀螺的电磁驱动与反馈分析

电磁驱动微陀螺，它的磁场通过铁磁薄膜产生，当微陀螺进行封装工艺后，驱动磁场强度即为定值。驱动导线位于微陀螺敏感质量块上，在微陀螺结构既定后，导线长度 L 也为定值。所以通过增加或减小驱动电流的大小可以有效实现对微陀螺驱动力的调控。

因反馈导线被安装在微陀螺质量块上，与微陀螺的质量块一起运动，所以其速度与驱动方向上导线的速度相同，感生电动势的表达式如下：

$$\varepsilon = BL\omega_d B_x \cos(\omega_d t - \varphi_x) \qquad （式5.50）$$

第二节 纳米精度计量光栅的理论研究

一、纳米光栅位移检测分析

纳米光栅对微位移具有超高灵敏度，在 1KHz 时实现了 $160\,fm/\sqrt{Hz}$ 的位移分辨率。2007 年，Sandia 实验室实现了世界上首个纳米光栅加速度计，该加速度计的灵敏度为 598V/g，分辨率为 $17ng/\sqrt{Hz}$，非常接近该器件的热噪声极限水平（ $8ng/\sqrt{Hz}$ ），是当时精度最高的 MOEMS 加速度计。

微陀螺噪声计算的表达式：

$$噪声 = \frac{电学噪声}{微陀螺灵敏度} \qquad （式5.51）$$

因此，对于纳米光栅微陀螺，其输出噪声可以表示为：

$$噪声 = \frac{光电探测噪声}{结构灵敏度 \times 衍射灵敏度} \qquad （式5.52）$$

光电探测器的光电探测噪声在 $pW/\sqrt{Hz}$ 量级，比电容式微陀螺的噪声水平高出 3 个数量级。因此，将纳米光栅应用于微陀螺信号的检测相比于电容式微陀螺具有低噪声、高灵敏的优势。

在实际应用中，微陀螺的输出信号强度非常小，容易受到噪声的干扰，因此噪声特性是微陀螺的关键性能指标之一。通常引入噪声的因素主要包括如下三项：一是结构的机械热噪声；二是由于制作工艺引入的误差引起的噪声；三是检测电路引起的。

二、纳米光栅结构

由光栅的理论分析可知，光栅的衍射效率与光栅厚度 d，光栅周期 Λ，间隙宽度 a，入射角 θ，波长 λ，占空比 f 等参数有关。通过对光栅的理论分析与仿真，本文提出两种高衍射效率的光栅结构，分别为面内微位移检测的光栅结构和离面微位移检测的光栅结构，因离面微位移检测方式的量程太小，我们选用实用性更强的面内检测作为微陀螺的哥氏力的检测方式。图 5-9 是双层光栅结构。

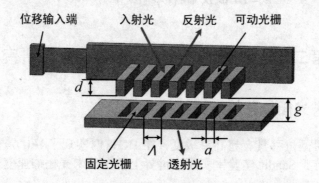

图 5-6　双层光栅结构（图片来源：纳米光栅设计）

三、纳米光栅微陀螺及纳米光栅工作原理及理论研究

（一）纳米光栅微陀螺工作原理

纳米光栅对位移有着很高的灵敏度，美国桑迪亚实验室和北京航空航天大学曾研究过纳米光栅加速度计。这里将纳米光栅应用在微陀螺中，基于纳米光栅检测的微陀螺整体结构原理图，上层包含内框、外框、驱动梁、检测梁和质量块，质量块中心沿检测方向均匀间隔分布可动纳米光栅，纳米光栅微陀螺的敏感结构，凹槽中心布置纳米光栅，下层凸台中心布置固定纳米光栅（包含多个单光栅），且光栅长度大于可动光栅。

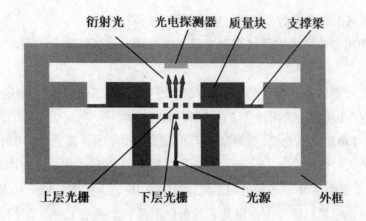

衍射光　光电探测器　质量块　支撑梁

上层光栅　　　　下层光栅　　　光源　　　外框

图 5-7　纳米光栅微陀螺整体结构原理图（图片来源：网络）

微陀螺整体结构外框与底层相互固定，此时两对子光栅上下平行排列，共同构成了许多隙缝，每个隙缝都包含缝宽和缝深。缝宽定义为可动子光栅中的一个单个光栅和固定子光栅中与其距离近的单光栅的侧面的距离。缝深定义为下面的固定子光栅的某个单光栅的上表面与相对应的可动子光栅中的单光栅的下表面的距离。

微陀螺的工作原理为由电磁驱动内框带动敏感结构在 X 方向谐振，当敏感到 Z 方向的角速度 ω 时，敏感结构将产生沿 Y 方向的哥氏力，致使可动光栅相对于固定光栅发生位移，微弱的距离变化将导致透过纳米光栅的衍射光强发生剧烈变化，光电探测器探测衍射光强的规律，最终获得角速度的大小。

（二）光栅衍射理论研究

1. 单层光栅衍射理论

矢量衍射理论是分析纳米光栅衍射特性的方法之一，它给出纳米光栅衍射特性的精确解，经过多年的发展较为成熟，分为两类：积分方法和微分方法。积分方法适用具有连续面型的纳米光栅衍射特性分析，求解过程复杂，而微分方法更适用具有不连续的、离散的面型特征的纳米光栅衍射特性分析，求解过程较为简单。微分方法主要包括严格耦合波理论（Rigorous Coupled-Wave Analysis，RCWA）和模态法（Modal Method）这两种。严格耦合波理论（RCWA）使用数值和初等数学计算，不需要复杂的数值技术，以简单和通用的优点获得了广泛的应用。本文采用严格耦合波理论（RCWA）作为纳米光栅衍射特性的分析理论，主要包括以下三个步骤：

一是根据麦克斯韦方程组，分别得到入射区、透射区和光栅区电磁场的表达式，然后对光栅区的介电常数以及各区电磁场进行展开。

二是利用麦克斯韦方程组求解光栅区内电场和磁场的耦合关系，建立耦合波方程组。

三是在入射区和光栅区的边界以及光栅区和透射区的边界，利用电磁场边值条件，求解各衍射级次的衍射光的振幅和衍射效率。

如图5-7单层纳米光栅，其厚度是d，间隙是a，光栅常数是Λ。入射波长是λ，假定光源的入射角度是θ，入射面与电场矢量 E 的角度是Ψ，入射面和垂直于光栅刻线xz面角度是Φ。入射区域 I 和透射区域 III 的折射率分别是 n$_I$ 和 n$_{III}$。在区域 II，纳米光栅材料属性中，定义它的折射率是 n$_{rd}$，光栅之间间隙的折射率则定义是 n$_{gr}$。因为所用的是最简单规则的矩形光栅，每层的构造是相同的，所以每层的介电常数的表达式也是相同的，为简化计算过程，我们将整个光栅看作是一层。

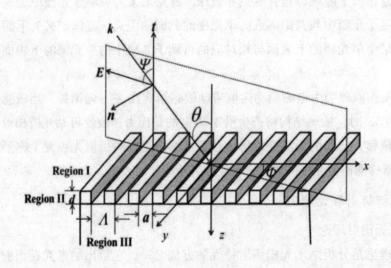

图 5-8　单层纳米光栅示意图（图片来源：纳米光栅理论）

$$\varepsilon(x) = \sum_h \varepsilon_h \exp\left(j\frac{2\pi h}{\Lambda} x \right)$$

（式 5.53）

其中

$$\varepsilon_0 = n_{rd}^2 f + n_{gr}^2 (1-f), \varepsilon_h = \left(n_{rd}^2 - n_{gr}^2 \right) \frac{\sin(\pi h f)}{\pi h}$$

（式 5.54）

h 表示傅里叶级数的谐波数。

以 *TE* 偏振光为例详细推导，此时假设 $\Psi = 90°$，$\Phi = 0°$，入射光的电场分量可表示为：

$$E_{inc,y} = \exp\left[-jk_0n_I\left(\sin\theta_{inc}x + \cos\theta_{inc}z\right)\right]$$ （式 5.55）

式中 $k_0 = 2\pi/\lambda_0$，λ_0 是真空波长，θ_{inc} 为入射角。

入射光入射后，I 与 III 在 y 方向上的总电场分量是：

$$E_{I,y} = \exp\left[-jk_0n_I\left(\sin\theta_{inc}x + \cos\theta_{inc}z\right)\right] + \sum_i R_i\exp\left[-j\left(k_{xi}x - k_{I,zi}z\right)\right]$$ （式 5.56）

$$E_{III,y} = \sum_i T_i\exp\left\{-j\left[k_{xi}x + k_{III,zi}\left(z-d\right)\right]\right\}$$ （式 5.57）

由光栅的衍射方程：$\sin(\theta_i) = \sin\theta_{inc} - i\dfrac{\lambda}{\Lambda}, k_{xi} = \dfrac{2\pi}{\lambda_0}\sin(\theta_i)$ 得：

$$k_{xi} = k_0\left[n_I\sin\theta_{inc} - i\left(\lambda_0/\Lambda\right)\right]$$

$$k_{l,zi} = \begin{cases} \left(k_0^2n_l^2 - k_{xi}^2\right)^{1/2} & |k_0n_l| > |k_{xi}| \\ -j\left(k_{xi}^2 - k_0^2n_l^2\right)^{1/2} & |k_0n_l| < |k_{xi}| \end{cases} \quad l = I,III$$ （式 5.58）

T_i，R_i 是假设的第 i 级透射光和反射光电场的归一化振幅。这里我们引入 Maxwell 方程组，具体如下：

$$\frac{\partial E_{gy}}{\partial z} = j\omega\mu_0 H_{gx}$$

$$\frac{\partial H_{gx}}{\partial z} - \frac{\partial H_{gz}}{\partial x} = j\omega\varepsilon_0\varepsilon(x)E_{gx}$$

$$\frac{\partial E_{gy}}{\partial x} = -j\omega\mu_0 H_{gz}$$ （式 5.59）

其中，$\omega, \mu_0, \varepsilon_0$ 分别表示光在介质中传播的频率和真空的磁导率和介电常数。

在光栅区域 II 中，因为光栅沿 x 轴是周期性的，所以电场矢量和磁场矢量在 x 轴方向上也呈现周期性变化，所以电场矢量和磁场矢量也可以用傅里叶级数展开的形式表示：

$$E_{gy} = \sum_i S_{yi}(z) \exp(-jk_{xi}x)$$

$$H_{gx} = -j\left(\frac{\varepsilon_0}{\mu_0}\right)^{1/2} \sum_i U_{xi}(z) \exp(-jk_{xi}x)$$

（式 5.60）

2．多层光栅衍射理论

多层纳米光栅理论分析与单层纳米光栅相似，采用傅里叶变换的形式表示电场或者磁场同时求解麦克斯韦方程组。

图 5-8 是双层纳米光栅结构，入射光波长是 λ，纳米光栅常数是 Λ，间隙宽度是 a，其厚度是 d。入射面和垂直于纳米光栅栅线的角度是 Φ，入射角是 θ，Ψ 是入射面与电场矢量 E 角度。

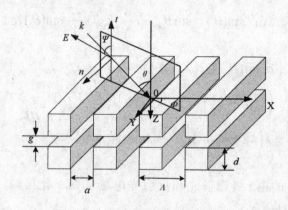

图 5-9　双层纳米光栅

TE 偏振时，此时假设 $\Psi = 90°$，$\Phi = 0°$，各级反射光和透射光衍射效率为：

$$DE_0(m) = \left|B_{0,m}\right|^2 \mathrm{Re}\left(\frac{q_{0,m}}{q_{0,0}}\right)$$

$$DE_{N+1}(m) = \left|A_{N+1,m}\right|^2 \mathrm{Re}\left(\frac{q_{N+1,m}}{q_{0,0}}\right)$$

（式 5.61）

$$q_{l,m} = \begin{cases} \sqrt{n_l^2 - \left(\dfrac{k_{xm}}{k_0}\right)^2}, & k_0 n_l > k_{xm} \\[4mm] -i\sqrt{\left(\dfrac{k_{xm}}{k_0}\right)^2 - n_l^2}, & k_0 n_l < k_{xm} \end{cases} \qquad （式5.62）$$

其中，$B_{0,m}$ 是反射矩阵，$A_{N+1,m}$ 是透射矩阵，$k_{xm} = k_0(n_1 \sin\theta - \dfrac{m\lambda}{\Lambda})$，

$k_0 = \dfrac{2\pi}{\lambda}$，$n_l$ 为光栅每层介质折射率。

四、微陀螺结构的设计

（一）陀螺尺寸初始化

微陀螺结构需要设计的包括，质量块边长、厚，梁的长、宽、厚，梁与梁之间、梁与质量块之间的间隙，上述所有设计参数主要有两个约束条件，一是微陀螺指标的约束，二是工艺加工条件的约束。

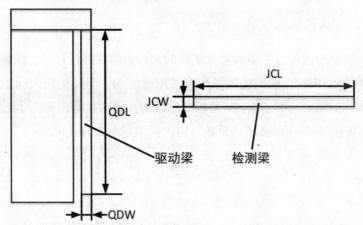

图5-10　微陀螺梁结构特征图（图片来源：网络）

通过分析，设计思路为：

一是根据规划的灵敏度值，通过分析计算，先给微陀螺结构定义一个初始参数值；二是利用 ANSYS 软件对微陀螺的结构参数进行优化，确认一组最优参数；三是通过上述的仿真结果对微陀螺进行重新建模，重复操作第二步，最终得到一组符合要求的结构参数。

微陀螺的初始化尺寸是通过理论计算得到的，过程中结合了目前的工艺加工

水平以及微机械陀螺的性能指标的约束条件。

（二）ANSYS 结构设计与优化

微陀螺在结构设计时应重点考虑驱动模态与检测模态的频率匹配问题。模态匹配的核心因素是梁的刚度决定的，质量块优化空间不大，所以重点以梁的尺寸作为设计变量。在选择参数的变化范围时，一般遵循两个规则：一是工艺原则；二是陀螺性能原则。下面具体的说明：

第一，工艺原则：

首先，梁长设计值应小于 $1500\mu m$。

其次，硅可加工的最小线宽为 $0.5\mu m$。

最后，陀螺最大表面积应小于 $5000\mu m \times 5000\mu m$。

第二，陀螺性能原则：

首先，微陀螺的驱动模态、检测模态的频率值应相差很小。

其次，微陀螺模态的固有频率设计值应大于环境噪声的频率（2000Hz），为了保证微陀螺具有高的灵敏度，频率不宜过大。所以，人们将微陀螺固有频率范围确定在 [3000，4000]。

（三）微陀螺结构的灵敏度计算

在 ANSYS 中用优化后的参数对微陀螺的结构灵敏度进行计算，该微机械陀螺结构有上下两层结构，上层结构为微陀螺的敏感结构，下层结构为固定光栅的基底，两层结构间的间距为纳米级。微陀螺敏感结构在面内运动，下层凸台固定不动，所以两层结构间将会产生滑膜阻尼系数，由滑膜阻尼系数公式可知：

$$C = \frac{\mu A}{d}$$

（式 5.63）

式中，μ 是气体的黏度系数，A 是微陀螺敏感结构与凸台之间的交叠面积，d 是微陀螺结构上下两层结构间的间距。由公式 4.4 可知，μ 和 d 都是固定不变的，所以减小上下两层结构间的交叠面积，即可减小滑膜阻尼系数。微机械陀螺的品质因素可表示为：

$$Q = \frac{2\pi f m}{c}$$

（式 5.64）

式中，f 是微陀螺敏感结构的固有频率，m 是微陀螺敏感结构的质量，c 是上下两层结构间滑膜阻尼，即滑膜阻尼系数。当滑膜阻尼系数越小，微陀螺结构的 Q 值将会越大，它们之间是反比关系。可得：

$$Q = \frac{2\pi \, fmd}{\mu A}$$

（式 5.65）

微陀螺敏感结构的大小为 $2500\,\mu m \times 2500\,\mu m \times 45\,\mu m$，如果微陀螺下层结构的基底设计成一个 $2500\,\mu m \times 2500\,\mu m$ 的台子，则上下两层结构间的交叠面积 $A_1 = 2500\,\mu m \times 2500\,\mu m = 6.25 \times 10^6\,\mu m^2$；现在我们将下层结构的基底设计成凸台，尺寸为 $300\,\mu m \times 500\,\mu m$，则上下两层结构间的交叠面积 $A_2 = 300\,\mu m \times 500\,\mu m = 1.5 \times 10^5\,\mu m^2$，$A_1/A_2 = 41.7$，所以将下层结构的基底设计成凸台将会提高 Q 值 41.7 倍。

当微陀螺的下层基底设计为凸台，微陀螺工作时，如图 5-11 所示。微陀螺上下两层间的阻尼以滑膜阻尼为主。

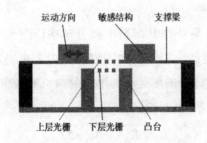

图 5-11　基底为凸台的微陀螺（图片来源：微陀螺理论研究）

此时，$\mu = 1.875 \times 10^{-5} Ns/m^2$，$A = 1.5 \times 10^5\,\mu m^2$，$d = 400nm$，微陀螺处于工作状态时的阻尼为：

$$C_y = \frac{\mu A}{d} = 7.03 \times 10^{-6}$$

（式 5.66）

微机械陀螺的结构灵敏度为：

$$S_y = \frac{B_y}{\Omega}$$

（式 5.67）

$$= \frac{2F_0}{m_x \omega_x \omega_y^2} \cdot Q_x \cdot \frac{1}{\sqrt{\left(1-\left(\frac{\omega_x}{\omega_y}\right)^2\right)^2 + \frac{1}{Q_y^2}\left(\frac{\omega_x}{\omega_y}\right)^2}}$$

$$= \frac{2F_0\omega_x}{m_x \omega_x^2 \omega_y^2} \cdot \frac{1}{\sqrt{\left(1-\left(\frac{\omega_x}{\omega_x}\right)^2\right)^2 + \frac{1}{Q_x^2}\left(\frac{\omega_x}{\omega_x}\right)^2}} \cdot \frac{1}{\sqrt{\left(1-\left(\frac{\omega_x}{\omega_y}\right)^2\right)^2 + \frac{1}{Q_y^2}\left(\frac{\omega_x}{\omega_y}\right)^2}}$$

$$= 19.53 nm / ° / s$$

通过比较发现，将微陀螺下层基底设计成平台，其结构灵敏度达到了 0.47nm/° /s，而将微陀螺下层基底设计成凸台，其结构灵敏度达到了 19.53nm/° /s，微陀螺的结构灵敏度提高了 41.7 倍。

五、微陀螺热机械噪声

微陀螺的输出信号非常小，其高精度高分辨率检测是一个重大问题。所以微陀螺输出信号抗外界干扰能力很弱，微陀螺的噪声大小决定了它的分辨率极值。本节主要分析微陀螺结构分子的热运动而形成的热机械噪声大小。

角速度与热机械噪声的等效计算公式为：

$$\Omega_n = \sqrt{\frac{K_B \cdot T \cdot \omega_y \cdot \Delta f}{m_y \cdot \omega_x^2 \cdot B_x^2 \cdot Q_y}}$$

（式 5.68）

其中，Ω_n 为热机械噪声与角速度的等效换算值，T 是绝对温度 [T（℃）= 273.15 ＋摄氏温度 t]，$K_B = 1.38 \times 10^{-23}(J/K)$ 是玻尔兹曼常数，ω_x 和 ω_y 为驱动方向和检测方向的圆频率，Δf 为驱动频率和检测频率的频率差，m_y 是检测方向的质量，B_x 是驱动方向的位移幅值，Q_y 为检测方向的品质因数。

则微陀螺的热机械噪声谱密度可计算如下（室温）：

$$\Omega_n^0 = \frac{\Omega_n}{\sqrt{\Delta f}} = \sqrt{\frac{K_B \cdot T \cdot \omega_y}{m_y \cdot \omega_x^2 \cdot B_x^2 \cdot Q_y}}$$

$$= \sqrt{\frac{1.38 \times 10^{-23} \times 293 \times 2 \times 3.14 \times 3359.9}{5.3149 \times 10^{-7} \times 4 \times 3.14^2 \times 3355.9^2 \times 2.8939^2 \times 10^{-10} \times 444.98}}$$

$$= 9.85 \times 10^{-10} \, rad/s/\sqrt{Hz}$$

$$= 2.03 \times 10^{-4} \, °/h/\sqrt{Hz}$$

（式 5.69）

第三节　衍射光栅的光谱学

一、衍射光栅的分类

光栅的种类繁多，分类准则也有很多。按材料，分为金属光栅和介质光栅；按使用衍射光的方向，分为透射光栅和反射光栅；按面形，分为平面光栅和凹面光栅；按周期维数，分为一维光栅和二维光栅；按槽形，分为正弦光栅、矩形光栅、阶梯光栅等；按制作方法，分为机刻光栅、全息光栅、全息—离子蚀刻光栅、母光栅、复制光栅等；按折射率调制方式，分为浮雕光栅和体光栅；按使用波长，分为红外光栅、可见光栅、射线光栅；按应用领域，分为光谱光栅、测量光栅、脉冲压缩光栅、激光光栅等……可以说是不胜枚举。

体光栅是靠光栅材料体内折射率的周期性变化衍射光的，而浮雕光栅靠的是均匀材料的表面轮廓的周期性变化。因为体光栅的折射率调制非常小，而且折射率的分布是连续的，所以，相对于浮雕光栅，体光栅数学模拟更容易；但从使用角度来说，浮雕光栅比体光栅更耐用，更能抵御环境的变化，因而应用更广泛。

相位光栅和振幅光栅的称谓来源于经典的标量光栅理论，这种理论认为，相位（振幅）光栅对入射光波的作用只表现为对经光栅反射和透射后的光波的相位（振幅）按照光栅的复数反射率和透射率分别加以调制。以现代光栅理论的观点来看，这两个术语的含义是含混不清的，因为真正的光栅既不是纯相位的也不是纯振幅的。不过，这种分类法在历史上曾经起过积极作用，因为旧时的光栅周期长、刻槽浅，标量理论通常是适用的。但是，现代应用中的许多光栅的周期与使用波长在同一数量级，标量理论并不是十分适用。因此，相位光栅和振幅光栅的概念也就失去了成立的基础。

二、衍射光栅的基本性质

光栅主要有四个基本性质色散、分束、偏振和相位匹配，光栅的绝大多数应用都是基于这四种特性。

光栅的色散是指光栅能够将相同入射条件下的不同波长的光衍射到不同的方向，这是光栅最为人熟知的性质，它使得光栅取代棱镜成为光谱仪器中的核心元件。

光栅的分束特性是指光栅能够将一束入射单色光分成多束出射光的本领。应用领域有光互连、光耦合、均匀照明、光通讯、光计算等。其性能评价指标有衍射效率、分束比、压缩比、光斑非均匀性以及光斑模式等。目前较常用的光栅分束器有 Dammann 光栅分束器、Tablot 光栅分束器、相息光栅分束器、波导光栅分束器等。另外，位相型菲涅耳透镜阵列分束器、透镜分束器等透镜型的分束器也是相当常用的。

在标量领域范围内，光栅的偏振特性往往被忽略，因此，光栅的偏振性在以前不被人所知。但是理论和实验都证明，一块设计合理、制作优良的光栅可以被用来做偏振器、波片、波片和位相补偿器等。

光栅的相位匹配性质是指光栅具有的将两个传播常数不同的波祸合起来的本领。最明显的例子是光栅波导祸合器，它能将一束在自由空间传播的光束耦合到光波导中。根据瑞利展开式，一束平面波照射在光栅上会产生无穷多的衍射平面波，相邻衍射波的波矢沿方向的投影之间的距离是个常数，等于光栅的波矢。

三、光谱学的内涵

（一）光谱学的概念

光谱学是研究电磁辐射与物质相互作用的科学。它涉及物质的能量状态、状态跃迁以及跃迁强度等方面。通过物质的组成、结构及内部运动规律的研究，可以解释光谱学的规律；通过光谱学规律的研究，可以揭示物质的组成、结构及内部运动的规律。

光的辐射实际上是电磁辐射，光波实际上是电磁波，光谱实际上是电磁波谱。电磁波谱可以按波长分为射频波谱、微波波谱、光学光谱、X 射线光谱和 γ 射线光谱等。光学光谱又可分为远紫外光谱区、近紫外光谱区、可见光谱区、近红外光谱区、红外光谱区和远红外光谱区等。

不同波长的电磁波谱具有不同的能量，它由原子或分子内部的运动所产生。射频和微波波谱的能量较低，它们由分子转动、电子自旋和核自旋的能级跃迁所产生。光学光谱的能量较高，它由原子或分子的外层电子的能级跃迁以及分子的振动和转动的能级跃迁所产生。X 射线光谱的能量更高，它由原子的芯电子的能级跃迁所产生。γ 射线光谱的能量最高，它由原子核的能级跃迁所产生。

电磁辐射与物质相互作用的过程不同，能量的传递方式也不同。根据能量的传递方式，光谱又可分为发射光谱、荧光光谱（发光光谱）、吸收光谱和赖曼光谱（联合散射光谱）等。物质的原子或分子吸收了外界的能量，然后以光能的形式发射辐射，这种光谱为发射光谱。原子或分子吸收了光子的能量，又以光能的形式发射辐射，这种光谱为荧光光谱。原子或分子吸收了光子的能量，不发射辐射，而是把光能转变为热能或其他形式的能量，这种光谱为吸收光谱。光子与原子成分子相互作用，交换了能量，改变了其原来的频率或波长，这种光谱为赖曼光谱。

电磁辐射的能量分布不同，波长或频率的分布也不同。根据波长分布的特点，光谱又可分为线状光谱、带状光谱和连续光谱。线状光谱由几个线系组成，线系由一根根分开的谱线组成；它是原子发射或吸收的波长间隔较大的不连续的辐射。带状光谱由几个谱系组成，谱系由几个谱序组成，谱序由较密的谱线组成；它是分子发射或吸收的波长间隔较小的不连续的辐射。连续光谱没有锐线或分立的谱带，它是由炽热的固体和液体、高压气体、电子离子复合或激发态分子解离等发射或吸收的在一定波长范围内的连续辐射。

（二）光谱分析的分类

各种物质的辐射部直接反映物质的结构，就是说各种结构的物质都具有自己的特征光谱。因此，根据物质的特征光谱，可以研究物质的结构和测定物质的化学成分。这种利用特征光谱研究物质结构或测定化学成分的方法，统称为光谱分析。光谱分析分为发射光谱分析、荧光光谱分析、吸收光谱分析和赖曼光谱分析。

根据原子或分子的特征发射光谱来研究物质的结构和测定物质的化学成分的方法，称为发射光谱分析。发射光谱通常用火焰、火花、弧光、辉光、激光或等离子体光源激发而获得，发射光谱的波长与原子或分子的能级有关，一般位于近紫外—可见—近红外光谱区，有时也位于远紫外光谱区和红外光谱区。在发射光谱分析中应用最广的是原子发射光谱分析；只有在少数的情况下，才应用分子发射光谱分析。火焰光度分析也是一种原子发射光谱分析。等离子体发射光谱分析和激光显微光谱分析的出现，使原子发射光谱分析获得了新的发展。

根据原子或分子的特征荧光光谱来研究物质的结构或测定物质的化学成分的方法，称为荧光光谱分析。分子荧光光谱通常用紫外光（如汞弧灯）激发，它的波长与分子的共振能级有关，一般位于紫外—可见光谱区。原子荧光光谱则要用高强度辐射光源（如高强度空心阴极灯、无极放电灯或激光器等）激发，它的波长与原子的共振能级有关，一般也位于紫外—可见光谱区。X射线荧光则用高能辐射（如电子束、质子束或X射线）激发，它的波长与原子或分子的芯电子的能级有关，都落在X射线光谱区。用聚焦的电子束来激发试样表面微区的特征X射线荧光的分析方法，是X射线光谱分析的一种专门技术，称为电子探针微区分析。它与激光探针微区分析（激光显微光谱分析）相互配合，成为物质微区分析的良好手段。

根据原子或分子的特征吸收光谱来研究物质的结构和测定物质的化学成分的方法，称为吸收光谱分析。分子吸收光谱一般由连续光源（如钨丝灯）激发，它的波长与分子的电子能级、振动能级和转动能级有关，电子—振动光谱一般位于紫外—可见光谱区，振动—转动光谱位于红外光谱区，转动光谱则位于远红外光谱区。原子吸收光谱一般由锐线光源（如空心阴极灯）激发，它的波长与原子的共振能级有关，一般位于紫外—可见—近红外光谱区。红外分光光度分析和原子吸收光谱分析的发展，大大扩大了吸收光谱分析的应用领域。

根据分子的特征拉曼光谱来研究物质的结构和测定物质的化学成分的方法，称为拉曼光谱分析（联合散射光谱分析）。拉曼光谱也需用锐线光源激发，它的谱线对称地排列于入射光的谱线的两侧。拉曼光谱谱线与入射光谱线的波长差（拉曼位移），反映了散射物质分子的振动—转动能级（或单纯转动能级）的改变。激光拉曼分光光度计的出现，使拉曼光谱分析得到进一步的发展。

（三）发射光谱分析的内容

发射光谱分析有着比较悠久的发展历史，比较完善的仪器设备，比较良好的实验技术，比较成熟的分析方法，已经得到广泛的应用。通常习惯上所说的光谱分析，就是指发射光谱分布，特别是指发射光谱化学分析。发射光谱化学分析，就是根据试样中不同原子或分子发射的特征光谱，来测定物质的化学成分的。

发射光谱分析过程分为三步，即激发、分光和检测。第一步是利用激发光源使试样蒸发出来，然后解离成原子，或进一步电离成离子，最后使原子或离子得到激发，发射辐射。第二步是利用光谱仪把光源所发出的光按波长展开，获得光谱。第三步是利用检测计算系统记录光谱，测量谱线波长、强度或宽度，并进行运算，最后得到试样中元素的含量。

虽然发射光谱分析的过程比较简单，但是发射光谱分析的内容却相当广泛。

学习发射光谱分析，必须掌握光谱学的基本理论和光谱仪器（包括激发光源、光谱仪和检测设备等）的工作原理，还要掌握发射光谱分析方法原理、实验技术和分析方法。现代光谱仪器是光、机、电三结合的设备，因此对光学技术（包括激光技术）、电子学技术、等离子技术和精密机械等方面的有关知识也要有所了解。

根据试样的处理方式，发射光谱分析的方法可分为两种。一般情况下，试样只需进行简单的处理就可直接送入激发光源，进行光谱测定。这种不需预先进行复杂的化学处理的光谱分析方法，称为直接光谱分析法。直接光谱法一般采用粉末进样或固体进样。在某些情况下，为了改善元素检出限和分析准确度，试样需要先经过化学处理，才能进行光谱测定。这种光谱分析方法，称为化学光谱分析法。化学光谱法一般采用溶液进样或干渣进样。

根据光谱的检测方式，发射光谱分析有看谱法、摄谱法和光电直读法。看谱法是直接用眼睛来观察光谱的，现已很少使用。摄谱法是用感光片记录光谱的，目前仍然广泛使用。光电直读法是用光电元件记录光谱的，现在正在逐步推广。光电直读法比摄谱法简便和快速，它把记录、测量和计算三个环节联结起来，人们可从仪器直接获得分析结果。

第四节　衍射光栅的非光谱学

一、计量光

衍射光栅的重要的非光谱应用之一是根据光通过两块按照一定方式选择和安装的光栅时产生的干涉莫尔条纹来测量线位移。为此目的，叫作计量光栅的特殊光栅。由透射光栅和反射光栅组成的干涉仪有很大的技术优势。

射在透射光栅上的近似平行的光束经受三次衍射（透射光栅上两次，反射光栅上一次。对系统的必要的要求是：两块光栅的光栅常数成整数倍关系；安装时光栅的表面和线槽接近平行。结果，对于每种波长，系统朝不同方向射出数目等于光栅的行射级次数的乘积的相干光束。它们都进行干涉，在一般情况下，得到许多相互重叠的不同周期和对比度的干涉条纹。当入射光束和衍射光束在垂直于线槽的平面内时，可以导出在系统的出射端随便取得两个光束的相位差。

当光栅在其平面内相对移动时，相位差在脉动，并将观测到光流强度的变化。在光栅相对移动一个光栅常数的时间内，发生一定次数波动。在一个周期内的光栅位移量，也就是说，莫尔条纹的条纹值是可以计算的。

与普通干涉仪不同，该系统中的干涉图形的变化不是取决于几何程差，而是取决于光栅在不同角度下衍射光束的相位变化不同的相对速度和方向。

当光束的波长和在光栅系统上的入射角改变时，衍射角也变了。使用非单色光源或入射光束不平行时，将导致干涉条纹对比度下降，因为相应于不同入射角和波长值的干涉条纹是相互错开的。

然而，在一定条件下，条纹的位置与上述因素以及光栅之间的距离无关。在这种情况下，干涉光束从透射光栅的一点出发而在另一点会合，在光栅之间的空间中走过相同的路程。因此，在这种情况下，条纹的位置和对比度在不严重歪曲光强度比值的范围内与光栅之间的距离、光栅的角尺寸和所使用的波长范围无关。上述系统的这个特性是它与具有两块透射光栅的系统比较的主要优点。在两块透射光栅的系统中，只对于一定入射角和波长值满足类似的条件。

利用系统的上述特性，可以通过增大光栅之间的距离和光源的角尺寸火大简化干涉图形。只有满足相应条件光束的干涉条纹仍然看得见，而其余条纹系统的对比度都下降到零。通过选择光栅的集光特性，使满足条件的所有光束中只有两束是强的，以及选择透射光栅常数和反射光栅常数的一定的比值，可使干涉图形进一步简化。结果，在由其他条纹系统的光造成的弱的连续背景上得到一个对比明显的明亮的条纹系统。

可以用光线的入射角、所用的衍射级次、光栅的参数和结构不同的各种方式按这种系统制造干涉仪。然而，在最终的零级或者一级光谱中观测条纹的两种准直系统似乎是最容易实现并且结果也是最有效的。

计量光的线槽有对称的轮廓，棱面的倾斜角与条纹值有关。线槽应当使上述级次有最大的强度，而所有其余级次，特别是反射光栅的零级是弱的。如对系统作不大的改造，条纹值可以减小到 0.2m。应用三块反射光栅的系统具有同样的能力。应当指出，由两块透射光栅组成的系统中，实际能达到的最小条纹值是 5m。

反射光栅通常用长尺形的毛坯制造，线槽短，刻划表面宽度大。在大多数情况下透射光栅的尺寸较小，是专门刻划的反射光栅的复制品。在测量装置中，一块光栅安装在机座上不动，而另一块光栅安装在测量其位移的元件上，使用白炽灯作为光源，用肉眼或者光电方法在连续光中观测莫尔条纹。可以使用单透镜作为准直镜，因为对干涉光束的平行度的要求主要取决于光接收器的尺寸。可以在有限的，但是足够宽的光谱区内得到高对比度的条纹。这个区域与光栅的集光特性有关，可根据所用的接收器的光谱灵敏度选择。现已制成了使用锑铯、硅和锗接收器工作的系统。系统的透过率约为 10% 而条纹的对比度和相应的光电信号的调制深度，与条纹值和观测条件等有关，在 50% ~ 85% 之间变化。

上述形式的光栅莫尔条纹干涉仪广泛应用于精密测量线位移和角位移的自动装置中。以此为基础制成了制造衍射光栅的干涉控制刻划机、数字显示万能工具显微镜、比较仪、测长机、制造电子显微镜照片标准的图像发生器和照相机、测量坐标的三坐标测量仪、伽马共振分析用的仪器和一系列精密测量装置。

二、光栅偏振器

光栅偏振器由被透明的间隙隔开的金属条纹（细线）组成，因而使波长大大超过光栅常数的辐射而发生偏振。

赫兹首先将细线光栅应用于无线电波区的辐射的偏振。随着制造技术的发展，后来人们又将它们应用于红外区，这个区域，现在依旧有所应用。在近红外区应用的氟塑料衬垫上的光栅偏振器。

光栅偏振器在 $\lambda \geq 3d$ 时有高的偏振能力。在这样的条件下，不存在光谱级次，光栅作为滤光器工作，透过电矢量垂直于细线的辐射，几乎完全反射电矢量平行于细线的辐射。对于电矢量垂直于细线的辐射，光栅类似介电体，而对于几乎完全反射电矢量平行于细线的辐射，光栅类似导体。

细线光栅透过率的理论计算是复杂的数学物理课题。仅对于有限的截面数解过这个课题。直径和宽度不加限制的、星圆形和矩形横截面导体的最完整的结果。根据专家进行理论计算所得：在长波方面，光栅偏振器的偏振作用与它的结构无关，仅仅取决于衬垫的透过率在短波方面，偏振的范围除受光栅常数制约之外，还受传导元件形状的制约。元件的厚度增大时，平行分量较快地随波长增大而下降，而对垂直量透过率的影响则较小。

获得微细金属线的方法是在对表面成一角度的条件下在阶梯形截面的光研上蒸镀金属。金属优先沉积在线槽的顶部，形成线条，而在它们之间留有透明的间隙。通过用母光栅复制的方法在聚乙烯、氟塑料和聚甲基 2 甲基丙烯酸酯衬垫上得到线槽，通过刻划机直接用钻石刀在萤石、无氧玻璃、氯化银、KRS-5 和锌的晒化物上刻划出线槽。并且，用不同方法得到的偏振器的特性有些不同。

三、激光器用光栅

光栅在分子激光器中得到应用，主要是压缩振荡带宽和调谐频率，在某些场合也用来从谐振腔中输出辐射。光栅按自准直方式安装在谐振腔中，代替一块末端反射镜，并围绕平行于线槽的轴线转动来实现波长的调谐。辐射通过另一块反射镜输出或者通过光栅的零级输出。

对激光器用光栅的要求之一是保证最小的损失。因此，光栅用在一级光谱中 $2/3 < \lambda/d < 2$ 的区域，电矢量的方向垂直于线槽。

对于大功率激光器，光栅对辐射作用的稳定性有重大意义。因为它们要在连续的工作条件下经受每平方厘米几十瓦的功率密度，复制光栅实际上不适用于此种目的。用铝膜、特别是用整体的金属毛坯刻划的母光栅具有很大的稳定性。

例如，功率密度可达每平方厘米千瓦级的 CO_2 激光器用的光栅可直接用铝合金毛坯或者用镀金膜的殷钢毛坯刻划。这些光概在大多数场合有 100 线槽 /mm 左右的频率和 30° 左右的闪耀角，刻划面积比较小。

第五节　精密导航技术

精密导轨和轴系是光电位移精密测试计量仪器中驱动器部分的重要关键部件，本章将介绍它们的结构形式、制造工艺和精度检测等内容。

一、精密导轨

直线运动导轨主要有滑动摩擦导轨和滚动摩擦导轨两大类。其作用是对运动件的支撑和导向。

（一）基本要求

对导轨的基本要求是：导向精度高（主要指导轨运动的不直度、对基面的平行度和间隙等）；运动轻便平稳；承载能力大；耐磨性好，对温度变化不敏感；结构简单，便于加工、装配、调整，成本低。

（二）直线导轨的结构形式

1. 滑动摩擦导轨

按承导面的形状可分为圆柱面导轨和棱柱面导轨。

（1）圆柱面导轨

圆柱面导轨的承导面是圆柱面。其优点是承导面的加工和检测都比较简单，容易达到很高的导向精度；缺点是间隙不能调整，磨损后无法调整补偿，对温度变化较敏感。因此，圆柱面滑动导轨大多用于室内仪器中。

图 5-12 中，齿轮轴 1 装在偏心套 2 内，转动偏心套管使齿条 3 与齿轮很好啮合。

为防止运动件 4 的转动，在承导件 5 上固定一平键 6，在运动件上开一键槽，靠 A、B 两侧面来限制运动件的转动，并保证其直线运动轻便平稳。图 5-13 所示的圆柱面导轨，是采用受压簧作用的浮动"V"形轮，来防止运动件的转动，保证导向精度。此结构对温度变化的敏感较上一种稍低。

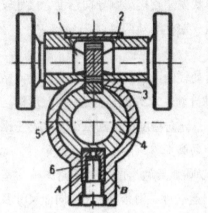

图 5-12　安放光学前置镜的圆柱面导轨　　　图 5-13　圆柱面导轨

（图片来源：衍射光栅）　　　　　　　　（图片来源：衍射光栅）

（2）棱柱面导轨

这种导轨的刚度大，承载能力强，其断面有直角形、三角形和梯形等。图 5-14 为分划板的直角形导轨。滑板 2 在两个导轨 1 之间做直线运动。件 1、2、3 研磨后其间隙为 0.03mm。由于结构简单，加工和检测方便，能达到较高的导向精度。适用于行程较短的场合。图 5-14 是大型光具座、测长仪、长刻划机等仪器导轨的"V—平"

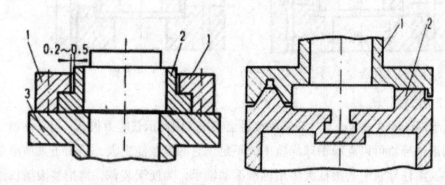

图 5-14　棱面柱导轨（图片来源：衍射光栅）

"平面"起承载作用，"V"型起导向作用。结构简单，接触面大，承载能力强，运动较平稳，行程大（可达 5m 以上），易于达到较高的导向精度（在 4m 长度上，偏差不大于 4 ~ 5μm）。但加工费时，摩擦力较大，磨损后不能自动调整间隙。

2. 滚动摩擦导轨

与滑动导轨相比，滚动导轨的优点有：摩擦力小，运动轻便灵活，对温度变化的敏感性较低；缺点是滚动元件的几何形状误差直接影响导向精度，尺寸较大，结构比较复杂。滚动摩擦导轨可分钢球导轨、滚柱导轨两种。

（1）钢球（滚珠）导轨

这种导轨结构紧凑，承受载荷较小，运动轻便灵活，能获得较高的导向精度。图 5-15（左图）为光具座测量工作台的钢球导轨。承导面是直边"V"形槽，加工比较容易，两直边夹角一般为 90° ±30 '，导向精度可达到 ±1 '。由于钢球与型面是点接触，运动轻便灵活，但导轨面容易磨损。

为降低磨损，提高承载能力，可采用双圆弧导轨，图 5-15（右图）为室内测量仪器中应用十分广泛的双圆弧钢球导轨。运动件（滑板 2）的导向面尺寸及技术要求较高。一般，导轨 1 的型面尺寸与滑板 2 是相同的，为保证导轨的精度，便于装配调整，导向件都为成对加工。

双圆弧钢球导轨的钢球半径与滚道圆弧半径之比是个重要的参数，此值对导轨的工作性能有很大影响。

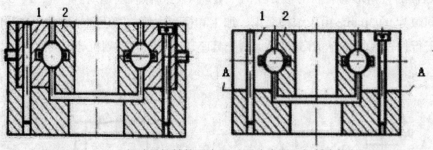

图 5-15   钢球导轨结构示意图（图片来源：衍射光栅）

（2）滚柱导轨

由于钢球导轨中钢球与导轨间的接触面很小，因此承载能力很低，容易磨损。而采用滚柱导轨可以克服钢球导轨中的不足，它的承载能力大，适用于大型测量仪器中。滚柱导轨中的滚柱大多用标准滚动轴承，为便于装调，常把装滚动轴承的轴制成偏心轴，一般的偏心量为 0.2 ~ 0.5mm。

3．精密导轨

当导向精度要求很高时的导轨称之为精密导轨，如万能工具显微镜测量工作台、畸变测量仪网格板测量工件台、电子束曝光机工件台、分步重复投影光刻机工件台等中所用的导轨。这些精密导轨除了精度高之外，在设计时必须满足如下要求：导轨承载面与导向面必须严格分开；对运动件的支撑，必须符合三点定位原则绝不允许有超定位；运动件除自重作用力外，必须外加封闭措施，使运动件在运动中始终与导向面接触；导轨中重要零件的几何形状应有严格要求，并在结构中加微调装置；导轨材料应耐磨并且摩擦系数要小。

（1）精密直线运动导轨的结构形式

如图5-16所示，图中，滑座1由三个承重导轨2及三个钢球11支撑；滑座的直线运动通过两个导向触头4及两个玻璃导轨10来导向；滚动轴承9通过杠杆8及拉力弹簧7压向导板6，以保证导向触头与玻璃导轨始终接触。此导轨的导向精度。

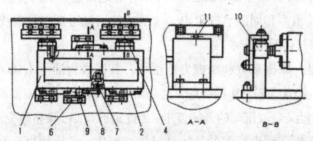

图5-16　精密直线运动导轨的结构（图片来源：衍射光栅）

（2）电子束曝光机和分步重复投影光刻机中的精密工件台

这类精密工件台都由结构相同的两层（X、Y轴）工件台组成，有时还要加一个微动台，如图5-17所示。图中a为"V—平"结构钢球滚动导轨。b图为双"V"结构的钢球滚动导轨。c图为滚动轴承式滚动导轨，适用于Z轴（垂直）方向的直线运动。导轨支撑点间的距离为100～300mm，X、Y方向行程为30～200mm，Z轴方向行程为100mm。采用φ8mm3级（相当旧标准02级）钢球，C级滚动轴承。a、b两种结构的导向精度：行程50mm以内时，＜1"；行程为120～200m时，＜2"；Z轴的导向精度为2～3"。X和Y方向导轨的正交性为2～3"（用精度为1"的标准方铁检测）。

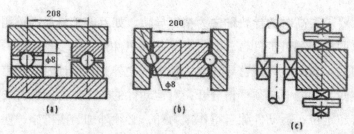

图 5-17　分步重复投影光刻机中的精密工件台（图片来源：衍射光栅）

（三）气体导轨

气体导轨是一种新型的导轨副，可简称气轨。它是一根一端封闭的中空直导轨，导轨表面有一排排小孔，压缩空气从一端进入导轨，由小孔喷出，从而在导轨表面与滑块之间形成一层很薄的。气垫或气膜。这时，滑块则"漂浮"在气垫上，它不和导轨表面接触。当滑块在导轨表面运动时，不存在通常意义上的接触摩擦力，只有很小的空气黏滞性阻力和周围空气阻力，故滑块的运动可近似地看作是无摩擦运动。这种技术叫作气体润滑技术。

气体导轨的优点是：摩擦系数和摩擦力矩很小，其系数为油的 1/1000；可在最清洁的状态下工作；具有冷态工作的特点，这是由于气体润滑剂摩擦损耗很小，产生热量很小，所生热量又会被流动的气体带走，为此温升很小，设备热变形很小；运动精度高，这是由于充满润滑间隙的气体是可压缩流体，它比油更具有柔性，使之能在间隙内平滑地运转，即使润滑面存在凹凸不平，由于气膜的均化效应，对运动不会有什么影响，均化效应可使小轴表面圆度误差提高到 1/4 以上；寿命长；环境适应性强，在高温、低温、辐射、磁场、腐蚀环境中工作。其缺点是承载能力低，刚度小，润滑面要有较高的加工精度，气体的可压缩性容易引起不稳定性，润滑面易生锈，需有一套气源及空气净化装置。

二、精密轴系

轴系是用于支撑仪器的可动部分围绕某一轴线做旋转运动。一般，它由主轴和轴套组成。用于光电位移精密测试计量仪器上的轴系，主要有：标准圆柱轴系、圆锥形轴系、半运动式圆柱形轴系、全滚动式轴系、"V"弧轴系、气体轴承等。

（一）标准圆柱形轴系

标准圆柱形轴系的典型结构一般由圆柱形轴和轴套组成。优点是：形状简单，制造方便，接触面积大，承载负荷大，并能承受冲击和振动；缺点是轴系有间隙，置中精度不高，摩擦力矩大，磨损大，温度敏感性强，当温度变化过大时，容易发生过松或咬死现象，间隙无法调整。

图 5-18a 为用于 DJ6-1 型光学经纬仪上的轴系。特点是结构简单，误差因素少，置中精度取决于轴系中的间隙，摩擦大，要求润滑条件高。轴向载荷由轴下方的钢球和止推环面承担。为减少温度的影响和摩擦，轴和轴套的材料均用相同的轴承钢（GCr15）。

b 为光学象限仪的轴系，轴和轴套由同一种材料 GCr15 制造，装配时，轴和轴套要配对研磨，径向间隙在 0.001mm 以内。

c 为中等精度光学经纬仪的圆柱形轴系。它利用轴套上端的钢球承受转动部分的重量，以轴套上下端较窄的圆柱面定中心。特点是当转动部分的重量稍有偏心时，不会引起轴晃动，提高了仪器的稳定性。

d 是在 c 的基础上发展起来的平面轴系。它以与钢球相接触的两个平面作承载面，以中间直径较小的圆柱轴定中心。特点是增大了钢球的分布直径，减小了定中心轴的长度，提高了仪器的置中精度和稳定性。缺点是过于灵活，精度不够稳定。

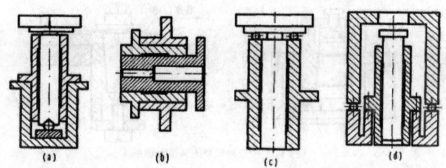

图 5-18　几种常见测角仪器中的圆柱形轴系（图片来源：新型光纤光栅 设计 技术及应用）

（二）圆锥形轴系

锥形轴系的优点为：间隙小，定中精度和方向精度都比较高；轴套磨损后，可借助轴向位移自动补偿，耐磨性好，可调整间隙大小。缺点是：温度敏感性强，尤其是对低温很敏感；锥形轴和轴套的制造工艺复杂；轴和轴套是配对研磨，没有互换性；摩擦力矩大；制造成本高。由图可知，在轴载荷 p 的作用下，正压力 $N = p/sin\,\alpha$ ，α 半锥角越小，则正压力 N 越大，轴系中摩擦力矩越大，转动灵活性就越差。锥形轴系主要用于转速低的大地测量仪器、天文仪器和室内高精度测角仪器中。

图 5-19a 为具有两个不同锥角的锥形轴，大锥角 α_1 的侧表面是承载面，小锥角 α_2 的侧表面是导向面，此形式结构复杂，制造困难，对温度变化敏感，易磨损，故应用较少。b 为工程经纬仪的垂直轴系，轴系的间隙是利用修切轴套端面"A"的方法来保证。c 所示的为某种测角仪轴系，轴固定在底座上，轴套 2 绕轴转动，圆锥顶点向上，采用调节装置使锥形面只起导向作用，以避免轴套转动时的晃动。调节装置由安装在轴顶的半球形凸出部分及固定在轴套上端的凹半球部分组成，它可承受轴套上的载荷，并且调节因温度变化可引起的轴系间隙。d 为另一种可调节的锥形轴系，用于度盘检验仪上。由于在底部采用钢球调节装置，使轴的转动灵活，且寿命长。

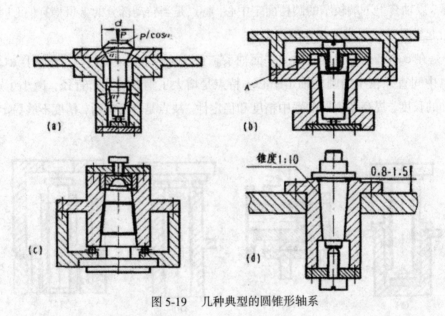

图 5-19   几种典型的圆锥形轴系

（图片来源：新型光纤光栅 设计 技术及应用）

（三）半运动式圆柱形轴系

半运动式圆柱形轴系是由标准圆柱形轴系改进过来的，如图 5-20 所示。它是用钢球与轴套的锥形表面接触实现轴的定向和承载，以轴套下部的小接触面定中心。由于定中心导向和承载面分开，因而精度高。

此轴系的优点：钢球与轴套锥面具有自动定中心作用，间隙大小对轴的晃动影响不灵敏，置中精度高。采用多粒钢球支承，支承点是滚动摩擦，转动力矩小，轴起动灵活，磨损小，寿命长。缺点是工艺要求高，要求轴套支承锥面的顶点要与轴套中定中心的凸起面中心线相重合，锥面呈圆环形不应有过大的椭圆度，对轴与支承面的垂直度要高，钢球的尺寸精度要求高（直径不相等允差为$0.5 \sim 1\mu m$）。

半运动式圆柱形轴系的摩擦力矩，可近似由下式确定：

$$M_0 = KD_0 p/d$$

式中，p 为轴向载荷，单位 g；D_0 为钢球中心的圆直径，单位 cm；d 为钢球直径，单位 cm；K 为滑动摩擦系数，（一般取 $0.005 \sim 0.001$）。

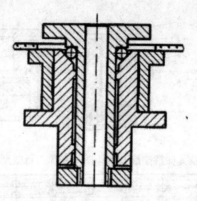

图 5-20　半运动式圆柱形轴系示意图（图片来源：新型光纤光栅 设计 技术及应用）

（四）全滚动式轴系

以上介绍的三种轴系基本上属于滑动式轴系或半滑半滚式轴系，下面将讨论全滚动式轴系。如图 5-20 所示，这是三种比较典型的全滚动式轴系，也是光电轴角编码器中常用的轴系。

（1）为用两个滚动轴承连接轴 1 和轴套 2，靠加工保证轴 1 的外径与轴承 3 内环间的配合和轴套 2 的内孔与轴承 3 的外环间的配合，以达到轴系径向晃动的要求；修磨轴向垫环 5 的厚度，拧紧压环 4，以保证轴系的轴向间隙和轴系的转动舒适度。此轴系的优点是：结构简单，加工容易，装配调整方便，广泛应用于中低精度的光电轴角编码器。

（2）为自动定心的全滚动式轴系，轴套 2 与钢球 3 的接触面为球面或锥面，此接触面起到定中导向和承载的双重作用。轴系的间隙（径向和轴向）的大小全由压环 4、座环 5 以及三个顶紧螺针 7 与三个拉松螺钉 8 的调节来完成的。此轴系能自动定心，置中精度高，转动灵活轻快，摩擦力矩小，磨损小，寿命长；缺点是加工难度较大，上下两球面（或锥面）的圆心必须在主轴轴线上，承载能力较低。

此结构轴系用于小型中高精度仪器和 15 ~ 19 位编码器。

（3）为定中导向和承载分开的全滚动式轴系，定中导向采用密珠式径向轴承，承载是通过钢球 3 由机座 6 的接触面来承担。根据承载负荷的大小，钢球 3 可以用单圈或双圈或多圈的布置。钢球 3 的中心平面应垂直于主轴轴线，并位于径向密珠轴承长度的中点位置，以达到轴系的端面跳动最小。径向密珠轴承是属于高精度的轴承，所谓密珠并非在常规的一圈中安放钢球，而是在轴向一定的长度上，分圈安放多粒钢球，以提高轴系的径向刚度。轴向间隙由轴套 2 和轴向固定环 4 之间的大小来确定。

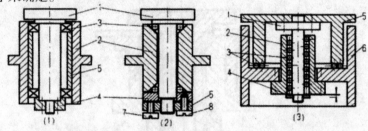

图 5-21　全滚动式轴系及其保持架展开图（图片来源：新型光纤光栅 设计 技术及应用）

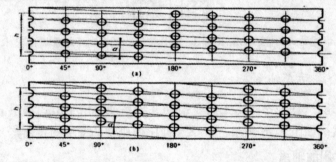

图 5-22　全滚动式轴系及其保持架展开图（图片来源：新型光纤光栅 设计 技术及应用）

钢球的安放位置由径向保持架 7 所决定，如图 5-21 所示。图示为保持架的展开图，图中 a 在高度为 h 的范围内，圆周角每 45° 就有四粒钢球，共 32 粒，根据加工机床和 L、h 的大小确定提升角。的大小。由图示可知，在某高度 h_i 上只有一粒钢球，32 个钢球就有 32 个不同的高度 h_i，也即 32 个钢球均匀分布在高度 h 的圆柱面上。这样的布置法可以均化主轴、轴套、钢球的形状误差和钢球的直径误差等。图中 b 与 a 的不同点在于某高度 h_i 上有两个钢球，而且是对径分布，这对于消除上述形状误差中的偶次谐量是有利的。此类轴系的优点是置中精度很高，承载能力大，摩擦力矩小，转动灵活轻便，轴系刚度较大；缺点是结构较复杂，加工要求高，成本较高。适用于高精度，承载负荷大，卧式工作的场合。

参考文献

[1] 陆慧编. 光学 [M]. 上海：华东理工大学出版社，2014.

[2] 武保剑. 微波磁光理论与磁光信号处理 [M]. 成都：电子科技大学出版社，2013.

[3] 颜树华. 衍射微光学设计 [M]. 北京：国防工业出版社，2011.

[4] 芦鹏飞. 大学物理光学学习指导书 [M]. 北京：北京邮电大学出版社，2017.

[5] 黄兴滨. 物理光学基础 [M]. 黑龙江大学出版社，2016.

[6] 李川. 光纤光栅原理、技术与传感应用 [M]. 北京：科学出版社，2005.

[7] 刘有菊. 有限孔径的衍射 [M]. 昆明：云南大学出版社，2011.

[8] 李若萌，陈涛，李伟. 黑龙江穆棱地区巨晶斜方辉石矿物学及光谱学特征 [J]. 光谱学与光谱分析，2019，39（01）：156-160.

[9] 赵欣，聂兆刚，张芳腾. 一维单壁碳纳米管相干结构振荡的光谱学调制 [J]. 激光与光电子学进展，2019，56（03）：265-272.

[10] 殷毅. 智能传感器技术发展综述 [J]. 微电子学，2018，48（04）：504-507＋519.

[11] 王筠钠，李妍. 光谱学技术在稀奶油乳脂肪研究中的应用 [J]. 光谱学与光谱分析，2019，39（06）：1773-1778.

[12] 王书涛，吴兴，朱文浩. 平行因子结合支持向量机对多环芳烃的荧光检测 [J]. 光学学报，2019，39（05）：397-405.

[13] 祝仰坤，周宾，王一红. 基于波数漂移修正算法的免标定固定点波长调制技术 [J]. 光学学报，2019，39（08）：372-379.

[14] 高海，吕仕儒. 光谱学的早期发展史及其意义 [J]. 山西大同大学学报（自然科学版），2018，34（06）：94-96.

[15] 马莹玲，邢帅虎，朱思佳. 中亚热带森林土壤淋滤液 DOM 浓度与光谱学特征 [J]. 亚热带资源与环境学报，2018，13（03）：17-26.

[16] 高寒，陶隆凤. 新疆阿勒泰地区海蓝宝石的光谱学研究 [J]. 新疆有色金属，2018，41（S1）：122＋124.

[17] 陈志华. 单晶铌酸锂薄膜上光栅耦合器研究 [D] 博士学位论文. 山东大学，2018.

[18] 杨宇光. 全光交换关键器件和光纤传感器的研究 [D]. 北京交通大学博士学位论文，

2018.

[19] 魏小保. 基于数字光栅投影的三维测量关键技术研究 [D]. 浙江大学硕士学位论文，2019.

[20] 王烁. 集成光子器件中二维亚波长光栅的设计与研究 [D]. 北京邮电大学硕士学位论文，2019.

[21] 陈雅俊. 基于小角度倾斜光纤光栅和磁流体的磁场传感特性研究 [D]. 上海师范大学硕士学位论文，2019.

[22] 杨思玉. 单点相移光纤光栅传输特性及其应用的研究 [D]. 南昌航空大学硕士学位论文，2019.

[23] 耿博. 基于铌酸锂的长周期波导光栅与可调谐滤波器的实验研究 [D]. 天津理工大学硕士学位论文，2019.

[24] 张锐. 中阶梯光栅光谱仪关键技术研究及其应用 [D]. 中国科学院大学（中国科学院长春光学精密机械与物理研究所）博士学位论文，2018.

[25] 糜小涛. 大型衍射光栅刻划机微定位系统控制器设计及光栅衍射波前校正技术研究 [D]. 中国科学院大学（中国科学院长春光学精密机械与物理研究所）博士学位论文，2018.

[26] 姚雪峰. 大型高精度衍射光栅刻划机分度系统重载工作台的宏定位实现方法研究 [D]. 中国科学院大学（中国科学院长春光学精密机械与物理研究所）博士学位论文，2018.

[27] 刘明欢. 高转化效率液晶／聚合物光栅激光器的制备研究 [D]. 中国科学院大学（中国科学院长春光学精密机械与物理研究所）博士学位论文，2018.